博碩文化

用

Drupal

輕鬆架出商業網站

網路商店╳報名平台╳預約系統╳拍賣平台

陳琨和 著

作　　者：陳琨和
責任編輯：袁皖君
企劃主編：艾凡斯

發 行 人：詹亢戎
董 事 長：蔡金崑
顧　　問：鍾英明
總 經 理：古成泉

出　　版：博碩文化股份有限公司
地　　址：221 新北市汐止區新台五路一段 112 號 10 樓 A 棟
　　　　　電話 (02) 2696-2869　傳真 (02) 2696-2867

發　　行：博碩文化股份有限公司
郵撥帳號：17484299　戶名：博碩文化股份有限公司
博碩網站：http://www.drmaster.com.tw
讀者服務信箱：DrService@drmaster.com.tw
讀者服務專線：(02) 2696-2869 分機 216、238
（周一至周五 09:30 ～ 12:00；13:30 ～ 17:00）

版　　次：2016 年 10 月初版

建議零售價：新台幣 360 元
I S B N：978-986-434-156-6
律師顧問：鳴權法律事務所 陳曉鳴律師

本書如有破損或裝訂錯誤，請寄回本公司更換

國家圖書館出版品預行編目資料

用 Drupal 輕鬆架出商業網站：網路商店
×報名平台×預約系統×拍賣平 / 陳琨
和著 . -- 初版 . -- 新北市：博碩文化，
2016.10

　面；　公分

ISBN 978-986-434-156-6(平裝)

1. 網際網路 2. 網站 3. 電子商店

312.1653　　　　　　　　　　105018578

Printed in Taiwan

歡迎團體訂購，另有優惠，請洽服務專線
博 碩 粉 絲 團　(02) 2696-2869 分機 216、238

PREFACE
前言

從事網頁程式設計的工作，我們會遇到客戶提出各式各樣的功能需求，從而開發出各種不同類型的網站。常見的功能需求有：線上購物、線上報名、線上租車、線上訂位、線上訂房、線上訂餐……等等。

今後準備在網頁開發領域活躍的你，可以透過本書學到上述功能的開發技術，滿足客戶的多種需求。只要讀完本書，你就擁有開發多種類型網站的實力，讓你日後有機會成為專業的程式設計師！

本書透過實例來講解四種常見的網站類型：網路商店、報名平台、預約系統、拍賣平台的開發過程，協助沒有程式撰寫經驗的你，利用 Drupal 這套 CMS 內容管理系統（Content Management System）快速完成建置，縮短網站的開發時間。

以下是本書將分章逐步說明的四種類型網站及其功能特色：

網路商店

以網路商店「向上文化書店」為例：

（前台）商品展示

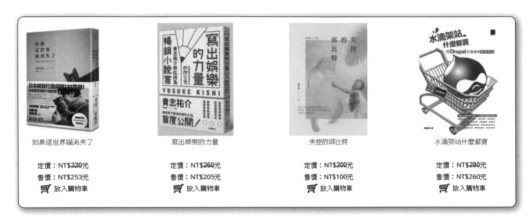

如果這世界貓消失了	寫出娛樂的力量	失控的邱比特	水滴架站什麼都賣
定價：NT$320元	定價：NT$260元	定價：NT$200元	定價：NT$280元
售價：NT$253元	售價：NT$205元	售價：NT$100元	售價：NT$260元
🛒 放入購物車	🛒 放入購物車	🛒 放入購物車	🛒 放入購物車

（前台）加入購物車

請選擇數量...

商品名稱	單價	數量	小計	
水滴架站什麼都賣	NT$260	15	NT$3900	🗑
失控的邱比特	NT$100	20	NT$2000	🗑
寫出娛樂的力量	NT$205	1	NT$205	🗑
如果這世界貓消失了	NT$253	1	NT$253	🗑

總計：**NT$6358**

[更新您的購物車] [繼續購物] [結帳]

（前台）線上付款，連接歐付寶第三方支付平台

（後台）商品上下架管理，商品的新增、編輯、刪除

提供簡單易操作的商品上下架管理介面，上傳商品圖片、設定商品原價與實際售價、商品庫存量……等。

報名平台

以報名平台「向上活動通」為例：

（前台）活動列表

活動名稱	報名截止時間
BEEMO 友善保鮮膜親子工作坊-測試	09/25/2016 - 17:15
DAKUO x SM系列講座—夢境來襲Ⅲ：VR遊戲開發經驗-Unreal engine 4-測試	09/25/2016 - 17:00
BigGame瘋狂氣墊-2016高雄義大場-測試	09/24/2016 - 17:15
高雄市第二屆舒跑杯路跑賽-測試	08/31/2016 - 17:00
2016宜蘭國道馬拉松-測試	08/31/2016 - 17:00

聯絡

（前台）線上報名

（前台）填寫報名表

（後台）管理報名活動

提供客戶自行新增並管理活動功能，可設定報名人數限制、報名開始時間和報名截止時間（前台依條件自動顯示額滿、報名尚未開始、報名已截止，禁止報名）。

（後台）活動專屬報名表

不同性質的活動，給人填寫的報名表當然也不同。提供進階的自訂報名表欄位功能，客戶可依活動需要自行新增欄位，建立各種報名表格式。

表單欄位管理
新增表單欄位

	欄位名稱	欄位類型	選項	是否必填	建立時間
編輯｜刪除	姓名 / Name	單行文字題目		必填	2016-08-15 11:10:09
編輯｜刪除	性別 / Gender	單選選項題目	男, 女	必填	2016-08-15 11:11:37
編輯｜刪除	身份證號 / ID Number	單行文字題目		必填	2016-08-15 11:12:09
編輯｜刪除	電子信箱 / E-mail	單行文字題目		必填	2016-08-15 13:57:11

預約系統

適用各種事物預約，租車、住宿、訂球場、會議室、律師諮詢、醫生看診、學生選課、教師授課等……都可以設定預約。以車輛出租預約系統「向上租車」為例：

出租標的列表（前台）

（前台）點日曆填預約表

採用直覺化日曆介面，可預約之日期資訊一目了然，使用者能夠快速查詢，馬上預約。

（後台）預約標的管理

管理預約標的，預約標的的新增、編輯、刪除。

預約標的管理
新增預約標的

	標的名稱	
編輯 ｜ 刪除	Mitsubishi Zinger　2.4(7人座)	管理預約單
編輯 ｜ 刪除	Ford Tierra　1.6	管理預約單

（後台）預約單管理

預約單管理

	預約日期	預約人	填單時間
檢視	08/31/2016 - 20:00	open	2016-08-29 15:34:44
檢視	08/25/2016 - 20:00	open	2016-08-18 11:44:42
檢視	08/22/2016 - 20:00	福山雅治	2016-08-16 17:17:54
檢視	08/18/2016 - 20:00	草彅剛	2016-08-16 16:50:37

拍賣平台

以二手交易平台「流轉之物」為例：

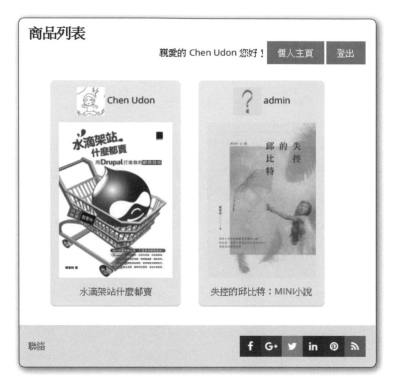

結合 Facebook 帳號

取代傳統帳號密碼註冊流程，一鍵快速登入網站。

拍照上傳即賣

賣東西，只要拍一張照片上傳，説有多簡單就有多簡單。

私訊聯絡即買

瀏覽網站挖到寶,直接與賣家即時私訊出價。

訊息紀錄

失控的邱比特:MINI小說

你好ww 這個商品還有嗎?

有有ww還有商品

加運費500元可以嗎?

一件加運費500元, OK!

訊息

請給我您的親筆簽名好嗎?

發送

CONTENTS
目錄

1

開始使用 Drupal

Drupal 誕生於 2000 年，最初由荷蘭的 Dries Buytaert 所開發，經過十幾年的發展，現在演變為功能強大的 CMS 架站軟體（CMS，內容管理系統，是指管理網站動態內容的應用程式，它能控制網頁的外觀、類別、內容發表、用戶登入、統計、檔案總管、表單、管理者等等功能），由來自世界各國的開發人員共同開發和維護及採用 GPL 授權條款釋出的開放原始碼軟體。在去年 2015 年 11 月，Drupal 釋出最新版本 Drupal 8。

目前 Drupal 最新版本為 Drupal 8，所以本書是以 Drupal 8 為主程式來做四種類型網站的開發實例。本章將指引你安裝 Drupal 8。

1-1 系統需求

本書範例在虛擬主機安裝 Drupal，使用的 Drupal 版本為 Drupal 8，請檢查你的虛擬主機是否滿足以下 Drupal 8 安裝和運行的需求：

網頁伺服器

Apache、Nginx、Microsoft IIS 或者其他能支援 PHP 環境的網頁伺服器。

資料庫

MySQL 5.5.3、MariaDB 5.5.20、PostgreSQL 9.1.2 或者是 SQLite 3.6.8 以上的版本。

PHP

Drupal 8 要求的 PHP 版本為 5.5.9 或更高的版本。

1-2 安裝主程式

❶ 首先來到 Drupal 官方主程式下載頁面 https://www.drupal.org/node/3060/release 選擇「8.x」版本按 Apply。

點擊最新版本「drupal 8.18」。撰寫本書當時最新的 Drupal 官方主程式是 drupal 8.18。

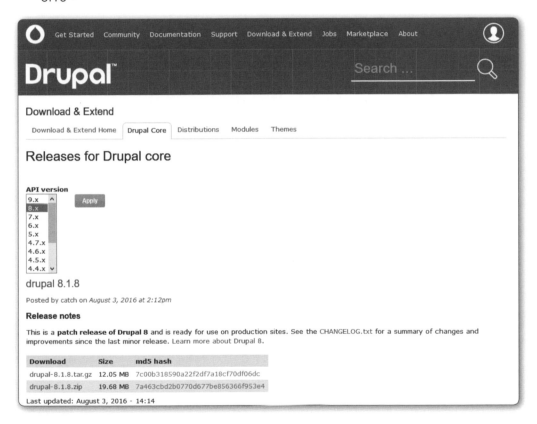

❷ 點擊下載壓縮檔。

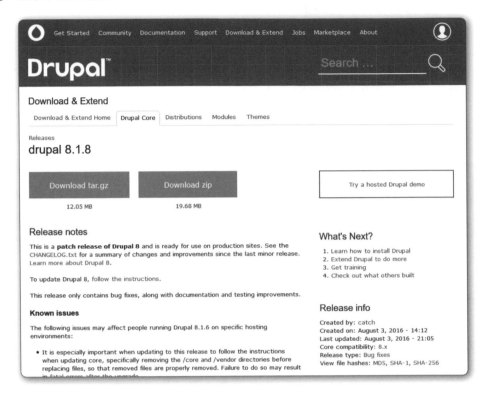

❸ 請將下載下來的壓縮檔 (.zip) 用解壓縮軟體解壓縮，解壓縮後使用 FileZilla 將您的「drupal-8.18」資料夾中的檔案上傳到您的虛擬主機空間。

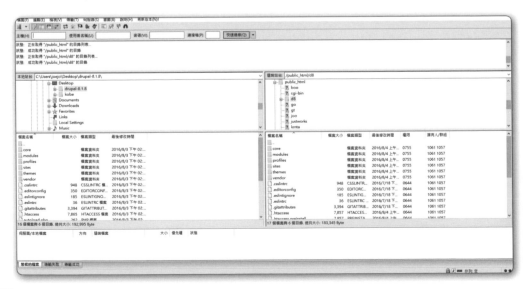

❹ 請進入您的網站首頁,您會看到選擇 Drupal 語言的選項,請選擇 Drupal 安裝語言「繁體中文」並點擊「儲存並繼續」。

❺ 再來您會看到選擇 Drupal 安裝設定檔的選項,請選擇「標準」並點擊「儲存並繼續」。

❻ 請將資料庫連線資訊填入,並點擊「儲存並繼續」。

❼ 設定網站，將網站名稱、網站電子郵件、使用者名稱、密碼等資料填寫好，在這
部分設定的「使用者」為網站第一個帳號，也是預設的網站管理員，在本書為
「admin」。填寫完成後，點擊「儲存並繼續」。

Drupal 8.1.7

選擇語言
選擇設定檔
檢查系統需求
設定資料庫
安裝網站
設定翻譯語言
設定網站
介面翻譯完成

設定網站

✓ 翻譯檔案匯入完成。共新增 *4969* 組字串，更新 *0* 組字串，及移除 *0* 組字串。

網站資訊

網站名稱 *

Drupal 8 DEMO

網站電子郵件 *

joejojo199219@yahoo.com.tw

Automated emails, such as registration information, will be sent from this address. Use an address ending in your site's domain to help prevent these emails from being flagged as spam.

網站維護帳號

使用者名稱 *

admin

可使用之特殊字元，包含空格、句號 (.)、連字符 (-)、撇號 (')、底線 (_) 以及 @符號。

密碼 *

●●●●●●●●●

密碼強度：弱

確認密碼 *

●●●●●●●●●

密碼符合：是

建立安全性更強的密碼：

- **Make it at least 12 characters**
- 加入大寫字母
- 加入標點符號

電子郵件地址 *

joejojo199219@yahoo.com.tw

地區設定

預設國家

台灣

選擇網站的預設國家。

預設時區

Asia/Taipei

網站日期會以預設所選擇的時區來呈現。

更新通知

更新通知

☑ 自動檢查更新

☑ 接收電子郵件通知

此系統會在有可用的更新及重要安全性版本的安裝工具時通知您，並將有關此網站的匿名資訊傳送給 Drupal.org。

(儲存並繼續)

❽ 當左邊的進度全部跑完，就表示主程式安裝好囉！

❾ 網站建立好後轉至首頁瀏覽，上面的長條就是網站各項設置的選單了。

<table>
<tr><td></td></tr>
</table>

1-3 安裝必要的模組

以下為本書開發四種類型網站所必需的模組：

❶ PHP

模組名稱	下載網址
PHP 8.x-1.0-beta2	https://www.drupal.org/project/php

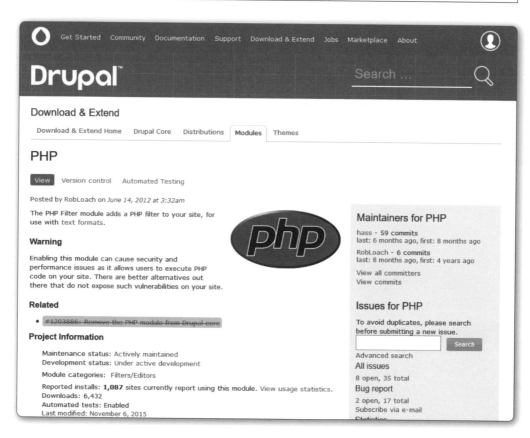

❷　Calendar

模組名稱	下載網址
Calendar 8.x-1.x-dev	https://www.drupal.org/project/calendar

Calendar

View　　Version control　　Automated Testing

Posted by fizk on *November 2, 2006 at 5:35pm*

Requires Views and the Date API (packaged with the Date module).

This module will display any Views date field in calendar formats, including CCK date fields, node created or updated dates, etc. Switch between year, month, and day views. Back and next navigation is provided for all views. Lots of the Calendar functionality comes from the Date module, so any time you update the Calendar module you should be sure you also update to the latest version of the Date module at the same time.

See also **Date iCal**, a project that contains code and features needed to either import or export dates using iCal feeds. The functionality that used to be in the Calendar iCal module has been moved into that module.

Be sure to read Debugging Information before reporting a problem. Going through those steps may resolve your problems and will help provide enough information to tell if this is a bug.

Drupal 8 Version

Please see #2492011: Port Calendar module to Drupal 8 to track progress and help migrate Calendar to Drupal 8!

❸ views_templates

模組名稱	下載網址
views_templates-8.x-1.0-alpha1	https://www.drupal.org/project/views_templates

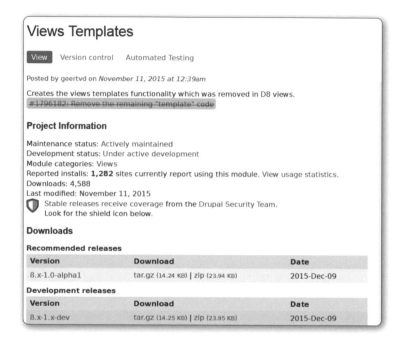

請將下載的模組檔案解壓縮後使用 FileZilla 上傳至「modules」資料夾內，如果沒有「modules」這個資料夾，請自行新增一個資料夾，將其命名為「modules」。

回到網站，進入「模組」(/admin/modules)，請啟用以上模組。

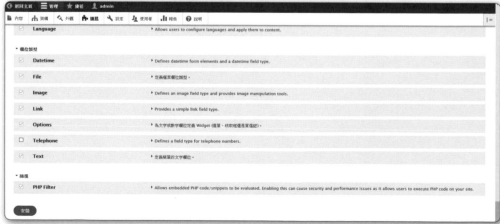

1-4 安裝版型

為網站挑選適當的前台版型：來到 Drupal 官方網站版型下載頁面 https://www.drupal.org/project/project_theme。核心 Core compatibility 選擇「8.x」版本，按下「Search」。

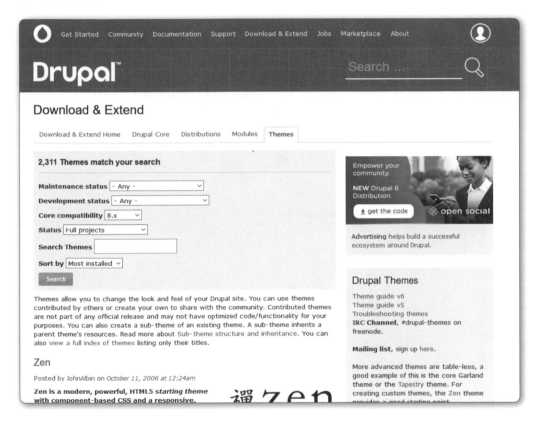

請選擇一個適當的版型，本書所選擇的是當時最新上傳的響應式版型「Drupal 8 Custom Theme」。

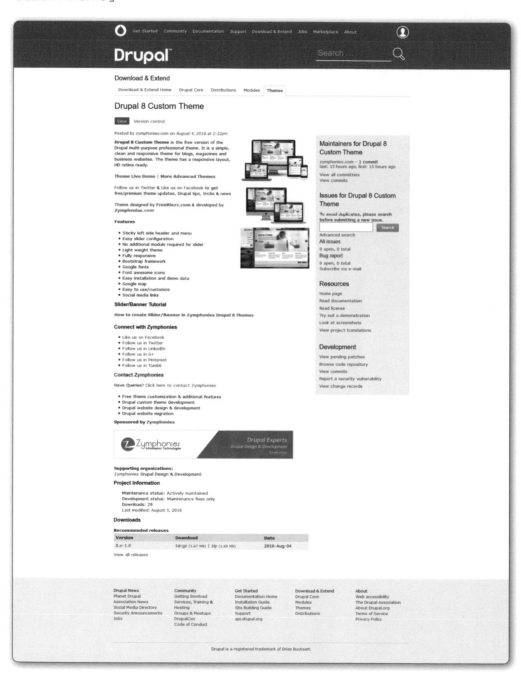

選定一個適當的版型後，請下載檔案，將其解壓縮後使用 FileZilla 上傳至「themes」資料夾內，如果沒有「themes」這個資料夾，請自行新增一個資料夾，將其命名為「themes」。

回到網站，進入「外觀」（/admin/appearance），請啟用該版型，點擊 Install and set as default，即完成版型安裝與啟用。

MEMO

CHAPTER

2

網路商店的開發實例

與傳統實體店舖相比，網路商店 24 小時營業，開設成本低，無需店面、免房租、免裝修、免水電，更無需投入大量人力對商店進行管理且無地域限制。如果客戶已有實體商店，更能通過網路商店結合實體店舖，拓大商品銷路，提昇品牌知名度，增加收益。

2-1 網站規劃

我們要運用 Drupal 開設給客戶的網路商店包含以下功能，以網路商店「向上文化書店」為例：

❶（前台）商品展示

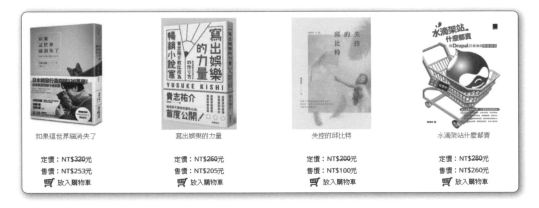

❷（前台）加入購物車

❸（前台）線上付款，連接歐付寶第三方支付平台

❹（後台）商品上下架管理，商品的新增、編輯、刪除

提供簡單易操作的商品上下架管理介面，上傳商品圖片、設定商品原價與實際售價、商品庫存量……等。

下表列出對應網路商店功能的頁面與路徑及使用工具：

	頁面	路徑	使用工具
1	首頁 / 商品列表頁	/product_list	Views
2	商品資訊詳細頁	/product_node	Views
3	商品管理後台	/product_manage	Views
4	訂單管理後台	/order_manage	Views
5	購物車	/go_cart	功能網頁
6	交易訂單	/aio_create_order	功能網頁
7	儲存訂單	/order_save	功能網頁

2-2 內容類型

2-2-1 商品

一個內容類型為「商品」的節點（node）即為一筆商品資料，為此我們建立一個「商品」內容類型。

❶ 進入內容類型列表（/admin/structure/types）點擊「新增內容類型」。

❷ 名稱輸入「商品」，機器可讀名稱輸入「product」。送出前預覽選擇「停用」。點擊「儲存並前往管理欄位」。

新增內容類型 ☆

首頁 » 管理 » 架構 » 內容類型
各個內容類型有著不同的欄位、行為以及分配到的權限。

名稱 *

商品

The human-readable name of this content type. This text will be displayed as part of the list on the *Add content* page. This name must be unique.

機器可讀名稱 *

product

一個不和別人重複的機器可讀名稱。這個名字必須只包含小寫字母，數字和下劃線。此名字將用於生成*新增內容*頁面的連結，在連結中下劃線將被轉換成連字元。

描述

This text will be displayed on the *Add new content* page.

| 發佈表單設定 |
| 標題 |

標題欄位標籤 *

標題

| 發佈選項 |
| 已發表，首頁推薦 |

送出前預覽
◉ 停用
○ 選擇性
○ 必要

| 語言設定 |
| Site's default language (Chinese, Traditional) |

說明或提交指引

| 顯示設定 |
| 顯示作者和日期訊息 |

| 選單設定 |

當建立及編輯此類型內容時此文字會顯示在頁面頂部。

儲存並前往管理欄位

❸ 在「管理欄位」新增欄位如下：

	標籤	機器可讀名稱	欄位類型	欄位設定	編輯
1	圖片	field_tupian	參照：圖片	Allowed number of values：限制 1	必須填寫欄位：勾選
2	定價	field_dingjia	數字：數值（整數）	Allowed number of values：限制 1	必須填寫欄位：勾選 前置詞：NT$
3	售價	field_shoujia	數字：數值（整數）	Allowed number of values：限制 1	必須填寫欄位：勾選 前置詞：NT$
4	庫存	field_kucun	數字：數值（整數）	Allowed number of values：限制 1	必須填寫欄位：勾選

如下圖所示：

❹ 請記得點擊「表單顯示」，調整欄位順序，理出一個讓客戶方便填寫的表格。

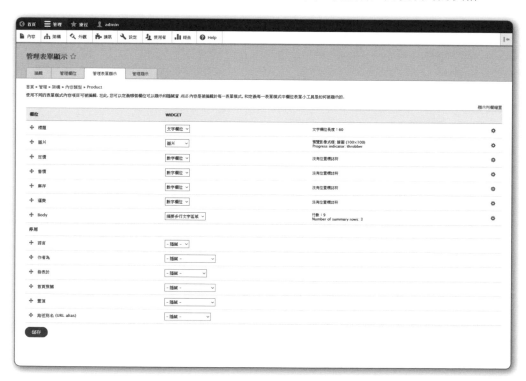

2-2-2 訂單

一個內容類型為「訂單」的節點（node）即為一筆訂單資料，為此我們建立一個「訂單」內容類型。

❶ 進入內容類型列表（/admin/structure/types）點擊「新增內容類型」。

❷ 名稱輸入「訂單」，機器可讀名稱輸入「order」。標題欄位標籤輸入「訂單編號」。送出前預覽選擇「停用」。點擊「儲存」。

首頁 » 管理 » 架構 » 內容類型

名稱 *

訂單　　　　　　　　機器可讀名稱: order

The human-readable name of this content type. This text will be displayed as part of the list on the *Add content* page. This name must be unique.

描述

This text will be displayed on the *Add new content* page.

發佈表單設定	**標題欄位標籤** *
訂單編號	訂單編號
發佈選項	**送出前預覽**
已發表，首頁推薦	◉ 停用
語言設定	◯ 選擇性
Site's default language (Chinese, Traditional)	◯ 必要
顯示設定	**說明或提交指引**
顯示作者和日期訊息	
選單設定	
	當建立及編輯此類型內容時此文字會顯示在頁面頂部。

儲存內容類型　　刪除

❸ 在「管理欄位」新增欄位如下：

	標籤	機器可讀名稱	欄位類型	欄位設定	編輯
1	購買商品	field_item_name	文字：Text（純文字）	Allowed number of values：限制 1	必須填寫欄位：勾選
2	交易金額	field_total_amt	文字：Text（純文字）	Allowed number of values：限制 1	必須填寫欄位：勾選
3	購買人姓名	field_purchaser_name	文字：Text（純文字）	Allowed number of values：限制 1	必須填寫欄位：勾選
4	聯絡電話	field_purchaser_phone	文字：Text（純文字）	Allowed number of values：限制 1	必須填寫欄位：勾選
5	電子信箱	field_purchaser_email	文字：Text（純文字）	Allowed number of values：限制 1	必須填寫欄位：勾選
6	收件地址	field_receiver_address	文字：Text（純文字）	Allowed number of values：限制 1	必須填寫欄位：勾選
7	備註事項	field_customer_memo	文字（純文字、長字串）	Allowed number of values：限制 1	

如下圖所示：

管理欄位 ☆

編輯　管理欄位　管理表單顯示　管理顯示

首頁 » 管理 » 架構 » 內容類型 » Order

＋新增欄位

標籤	機器可讀名稱	欄位類型
Body	body	Text (formatted, long, with summary)
交易金額	field_total_amt	Text (純文字)
備註事項	field_customer_memo	文字（純文字、長字串）
收件地址	field_receiver_address	Text (純文字)
聯絡電話	field_purchaser_phone	Text (純文字)
購買人姓名	field_purchaser_name	Text (純文字)
購買商品	field_item_name	Text (純文字)
電子信箱	field_purchaser_email	Text (純文字)

❹ 請記得點擊「表單顯示」，調整欄位順序，理出一個讓客戶方便填寫的表格。

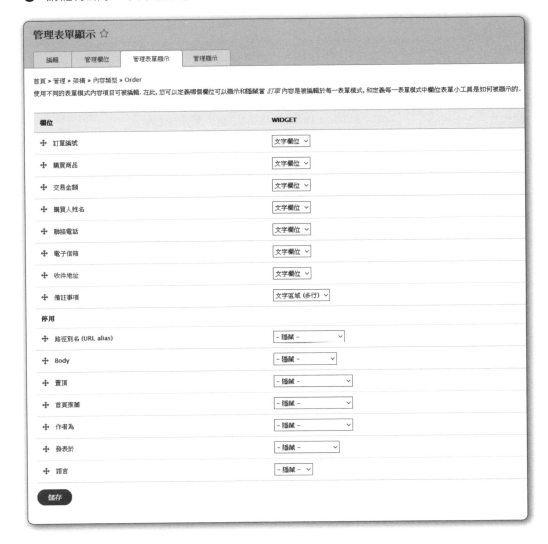

2-3 | Views

2-3-1　商品列表頁

❶ 進入 views 列表（/admin/structure/views）點擊「新增 view」。

❷ View 基本資訊的檢視名稱輸入「商品」，機器可讀名稱輸入「product」。View
設定的顯示選擇「內容」，類型為「商品」，排序方式為「由新到舊」。勾選頁面
設定的「建立頁面」，Page title 輸入「商品」，路徑輸入「product_list」，頁面顯
示設定的顯示格式選擇「HTML 清單」of「欄位」，按下「儲存後繼續編輯」。

這個頁面設定路徑「product_list」，即是網站規劃裡定義「首頁 / 商品列表
頁」。

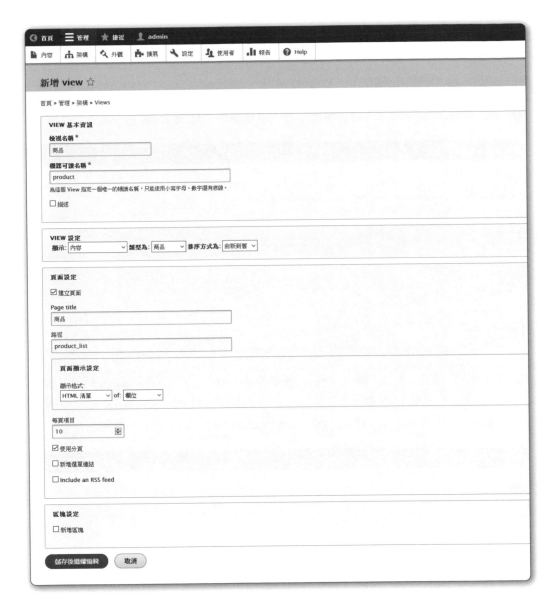

❸ 在「欄位」新增以下欄位：

　　1. ID

　　2. 圖片

　　3. 標題

　　4. 定價

5. 售價

6. 自定文字

按下「增加和設定 欄位」。

❹ 在「設定 欄位：內容：ID」裡，勾選「排除在顯示之外」，按下「套用」。

❺ 在「設定 欄位：內容：圖片」裡，「圖像樣式」選擇「中 (200×200)」，「連結圖片至」選擇「沒有」，點擊「重寫輸出結果」後勾選「Output this field as a custom link」並在「連結路徑」輸入「product_node/{{ nid }}」，按下「套用」。

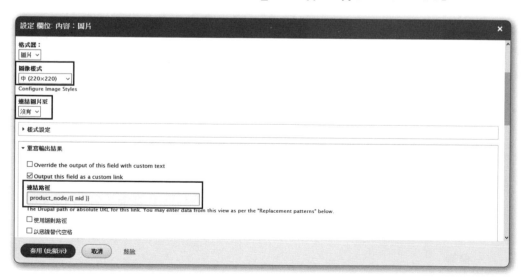

❻ 在「設定 欄位：內容：標題」裡，取消勾選「連結至 內容」，點擊「重寫輸出結果」後勾選「Output this field as a custom link」並在「連結路徑」輸入「product_node/{{ nid }}」，按下「套用」。

設定 欄位: 內容：標題

☐ 連結至 內容

▸ 樣式設定

▾ 重寫輸出結果

　☐ Override the output of this field with custom text

　☑ Output this field as a custom link

　連結路徑

　product_node/{{ nid }}

　The Drupal path or absolute URL for this link. You may enter data from this view as per the "Replacement patterns" below.

　☐ 使用絕對路徑
　☐ 以底線替代空格
　☐ 外部伺服器 URL
　　Links to an external server using a full URL: e.g. 'http://www.example.com' or 'www.example.com'.

　Transform the case

　套用　　取消　　移除

❼ 在「設定 欄位：內容：定價」裡，取消勾選「顯示前綴和後綴文字」，點擊「重寫輸出結果」後勾選「Override the output of this field with custom text」並輸入「定價：NT$<span class="price">{{ field_dingjia }}</span> 元」，按下「套用」。

設定 欄位: 內容：定價

☐ 顯示前綴和後綴文字

▸ 樣式設定

▾ 重寫輸出結果

　☑ Override the output of this field with custom text

　文字

　定價：NT$ <span class="price">{{ field_dingjia }}</span>元

　The text to display for this field. You may include HTML or Twig. You may enter data from this view as per the "Replacement patterns" below.

　☐ Output this field as a custom link

　▸ 替換匹配模式

　☐ Trim this field to a maximum number of characters
　☐ 除去 HTML 標籤

　套用　　取消　　移除

❽ 在「設定 欄位：內容：售價」裡，取消勾選「顯示前綴和後綴文字」，點擊「重寫輸出結果」後勾選「Override the output of this field with custom text」並輸入「售價：NT${{ field_shoujia }} 元」，按下「套用」。

```
設定 欄位: 內容：售價

顯示於：product

☐ 建立標籤

☐ 排除在顯示之外
   Enable to load this field as hidden. Often used to group fields, or to use as token in another field

格式器：
預設          ▾

千位記號
– 無 –       ▾

☐ 顯示前綴和後綴文字

▸ 樣式設定

▾ 重寫輸出結果

   ☑ Override the output of this field with custom text

   文字
   售價：NT${{ field_shoujia }}元


   套用      取消      移除
```

❾ 在「設定 欄位：內容：自定文字」裡，在「文字」輸入「<a class="addto_cart" id="{{ nid }}"><img class="add" src="https://d30y9cdsu7xlg0.cloudfront.net/png/2332-200.png"> 放入購物車 </a>」，按下「套用」。

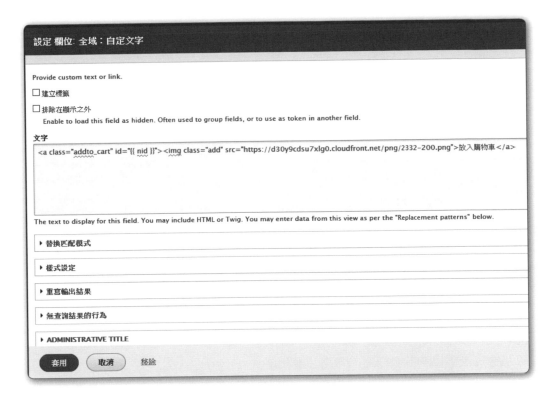

⑩ 請至「頁首」點擊「新增」後勾選「多行文字欄位」，在「內容」輸入以下程式碼：

```php
<?php
$path = \Drupal::request()->getpathInfo();
$arg  = explode('/',$path);
if($arg['1']=='product_list'){
?>
<form action="" method="post" id="cart" name="dynamicform">
</form>
<script src="http://ajax.googleapis.com/ajax/libs/jquery/1/jquery.min.js"></script>
<script>
$(document).ready(function(){
    $("a.addto_cart").click(function(){
        var ID = $(this).attr("id");
        $("#cart").attr("action","/go_cart?action=add&id="+ID);
        $("#cart").submit();
    });
});
</script>
```

```
<style>
.add {
    border: medium none;
    height: 32px;
    margin: -12px 0;
    cursor: pointer;
}
.arrow_list > li {
    float: left;
    list-style: none outside none;
    margin: 0 0 0 20px;
    text-align: center;
    width: 240px;
}
.price {
    font-family: arial;
    text-decoration: line-through;
}
</style>
<?php } ?>
```

文字格式選擇「PHP 程式碼」，按下「套用」。

⓫ 最後請記得按下「儲存」，將這隻 View 存檔，如此便完成「商品列表頁」(/ product_list)。

2-3-2 商品資訊詳細頁

❶ 複製先前的 views 為 Page 副本或進入 views 列表（/admin/structure/views）點擊「新增 view」。

❷ View 基本資訊的檢視名稱輸入「商品資訊詳細」，機器可讀名稱輸入「product_node」。View 設定的顯示選擇「內容」，類型為「商品」，排序方式為「由新到舊」。勾選頁面設定的「建立頁面」，Page title 輸入「」即不顯示頁面標題，路徑輸入「product_node」，頁面顯示設定的顯示格式選擇「未格式化的清單」，按下「儲存後繼續編輯」。

這個頁面設定路徑「product_node」，即是網站規劃裡定義的「商品資訊詳細頁」。

❸ 在「欄位」新增以下欄位：

1. ID
2. 圖片
3. 標題
4. 定價
5. 售價
6. Body
7. 自定文字

按下「增加和設定 欄位」。

❹ 在「設定 欄位：內容：ID」裡，勾選「排除在顯示之外」，按下「套用」。

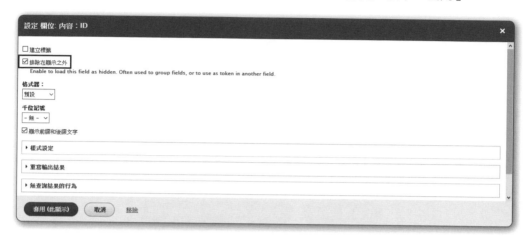

❺ 在「設定 欄位：內容：圖片」裡，「圖像樣式」選擇「中 (200×200)」,「連結圖片至」選擇「檔案」，按下「套用」。

❻ 在「設定 欄位：內容：標題」裡，取消勾選「連結至 內容」，按下「套用」。

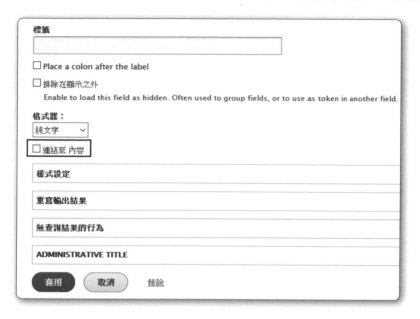

❼ 在「設定 欄位：內容：定價」裡，取消勾選「顯示前綴和後綴文字」，點擊「重寫輸出結果」後勾選「Override the output of this field with custom text」並輸入「定價：NT$<span class="price">{{ field_dingjia }}</span> 元」，按下「套用」。

❽ 在「設定 欄位：內容：售價」裡，取消勾選「顯示前綴和後綴文字」，點擊「重寫輸出結果」後勾選「Override the output of this field with custom text」並輸入「售價：NT\${{ field_shoujia }} 元」，按下「套用」。

設定 欄位: 內容：售價

顯示於：**product**

☐ 建立標籤

☐ 排除在顯示之外
　　Enable to load this field as hidden. Often used to group fields, or to use as token in another field

格式器：
預設　⌄

千位記號
– 無 – ⌄

☑ 顯示前綴和後綴文字

▶ 樣式設定

▼ 重寫輸出結果

　　☑ Override the output of this field with custom text

　　文字

　　售價：NT\${{ field_shoujia }}元

套用　　取消　　移除

❾ 在「設定 欄位：內容：自定文字」裡，在「文字」輸入

```
<a class="addto_cart" id="{{ nid }}"><img class="add" src="https://
d30y9cdsu7xlg0.cloudfront.net/png/2332-200.png">放入購物車 </a>
```

，按下「套用」。

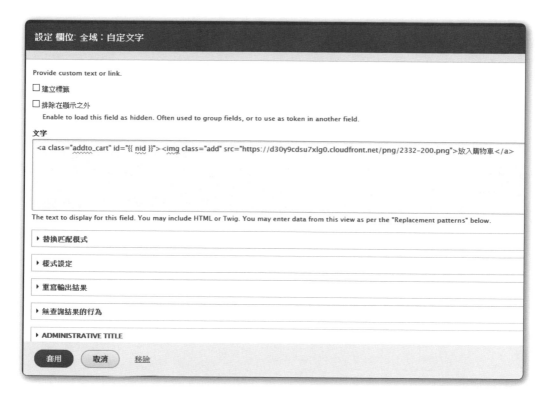

⑩ 在「設定 欄位：內容：Body」裡直接按下「套用」。

⑪ 接著請至「頁首」點擊「新增」後勾選「多行文字欄位」，在「內容」輸入以下
程式碼：

```php
<?php
$path = \Drupal::request()->getpathInfo();
$arg  = explode('/',$path);
if($arg['1']=='product_node'){
?>
<form action="" method="post" id="cart" name="dynamicform">
</form>
<script src="http://ajax.googleapis.com/ajax/libs/jquery/1/jquery.min.js"></script>
<script>
$(document).ready(function(){
    $("a.addto_cart").click(function(){
        var ID = $(this).attr("id");
        $("#cart").attr("action","/go_cart?action=add&id="+ID);
        $("#cart").submit();
    });
```

```
});
</script>
<style>
.add {
    border: medium none;
    height: 32px;
    margin: -12px 0;
    cursor: pointer;
}
.arrow_list > li {
    float: left;
    list-style: none outside none;
    margin: 0 0 0 20px;
    text-align: center;
    width: 240px;
}
.price {
    font-family: arial;
    text-decoration: line-through;
}
</style>
<?php } ?>
```

文字格式選擇「PHP 程式碼」，按下「套用」。

⓫ 接著請點開「進階」，在「上下文過濾器」點「新增」，找到「ID」後勾選，按下「增加和設定 contextual filters」，再按下「套用」。

⓬ 最後請記得按下「儲存」，將這隻 View 存檔，如此便完成「商品資訊詳細頁」（/product_node）。

2-3-3　商品管理後台

❶ 複製先前的 views 為 Page 副本或進入 views 列表（/admin/structure/views）點擊「新增 view」。

❷ View 基本資訊的檢視名稱輸入「商品管理」，機器可讀名稱輸入「product_ manage」。View 設定的顯示選擇「內容」，類型為「商品」，排序方式為「由新到舊」。勾選頁面設定的「建立頁面」，Page title 輸入「商品管理」，路徑輸入「product_manage」，頁面顯示設定的顯示格式選擇「表格」，按下「儲存後繼續編輯」。

這個頁面設定路徑「product_manage」，即是網站規劃裡定義的「商品管理後台」。

❸ 在「欄位」新增以下欄位：

1. ID

2. 圖片

3. 標題

4. 自定文字

按下「增加和設定 欄位」。

❹ 在「設定 欄位：內容：ID」裡，勾選「排除在顯示之外」，按下「套用」。

❺ 在「設定 欄位：內容：圖片」裡，「圖像樣式」選擇「縮圖 (100×100)」，「連結圖片至」選擇「檔案」，按下「套用」。

❻ 在「設定 欄位：內容：標題」裡，取消勾選「連結至 內容」，按下「套用」。

❼ 在「設定 欄位：內容：自定文字」裡，在「文字」輸入

```
<a href="/node/{{ nid }}/edit?destination=/product_manage">編輯</a> | <a
href="/node/{{ nid }}/delete?destination=/product_manage">刪除</a>
```

，按下「套用」。

標籤

☐ Place a colon after the label

☐ 排除在顯示之外
    Enable to load this field as hidden. Often used to group fields, or to use as token in another field.

文字

```
<a href="/node/{{ nid }}/edit?destination=/product_manage">編輯</a> |
<a href="/node/{{ nid }}/delete?destination=/product_manage">刪除</a>
```

The text to display for this field. You may include HTML or Twig. You may enter data from this view as

替換匹配模式

樣式設定

重寫輸出結果

無查詢結果的行為

ADMINISTRATIVE TITLE

套用　　**取消**　　移除

❽ 請至「頁首」點擊「新增」後勾選「多行文字欄位」，接著勾選「即使 view 沒有結果也顯示出來」，在「內容」輸入以下程式碼：

```
<a href="/node/add/product?destination=/product_manage">新增商品</a>
```

文字格式選擇「PHP 程式碼」，按下「套用」。

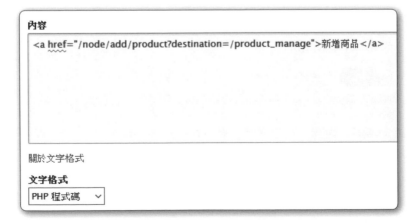

內容

```
<a href="/node/add/product?destination=/product_manage">新增商品</a>
```

關於文字格式

文字格式

PHP 程式碼　∨

❾ 最後請記得按下「儲存」，將這隻 View 存檔，如此便完成「商品管理後台」（/product_manage）。

2-3-4 訂單管理後台

❶ 複製先前的 views 為 Page 副本或進入 views 列表（/admin/structure/views）點擊「新增 view」。

❷ View 基本資訊的檢視名稱輸入「訂單管理」，機器可讀名稱輸入「order_manage」。View 設定的顯示選擇「內容」，類型為「訂單」，排序方式為「由新到舊」。勾選頁面設定的「建立頁面」，Page title 輸入「訂單管理」，路徑輸入「order_manage」，頁面顯示設定的顯示格式選擇「表格」，按下「儲存後繼續編輯」。

這個頁面設定路徑「order_manage」，即是網站規劃裡定義的「訂單管理後台」。

❸ 在「欄位」新增以下欄位：

1. ID

2. 標題

3. 發表於

4. 自定文字

按下「增加和設定 欄位」。

❹ 在「設定 欄位：內容：ID」裡，勾選「排除在顯示之外」，按下「套用」。

❺ 在「設定 欄位：內容：標題」裡，勾選「建立標籤」在標籤輸入「訂單編號」，取消勾選「連結至 內容」，按下「套用」。

❻ 在「設定 欄位：內容：發表於」裡，勾選「建立標籤」在標籤輸入「下單時間」，「日期格式」選擇「自定」在自訂日期格式輸入「Y-m-d H:i:s」，「時區」選擇「客戶所在的時區」，按下「套用」。

☑ 建立標籤

標籤

| 下單時間 |

☑ Place a colon after the label

☐ 排除在顯示之外

    Enable to load this field as hidden. Often used to group fields, or to use as token in another field.

格式器：

| 預設 ∨ |

日期格式

| 自訂 ∨ |

自訂日期格式

| Y–m–d H:i:s |

See the documentation for PHP date formats.

時區

| Asia/Taipei ∨ |

| 樣式設定 |

| 重寫輸出結果 |

| 無查詢結果的行為 |

| ADMINISTRATIVE TITLE |

(套用)　(取消)　移除

❼ 在「設定 欄位：內容：自定文字」裡，在「文字」輸入

```
<a href="/node/{{ nid }} ">檢視</a> | <a href="/node/{{ nid }}/
delete?destination=/order_manage">刪除</a>
```

，按下「套用」。

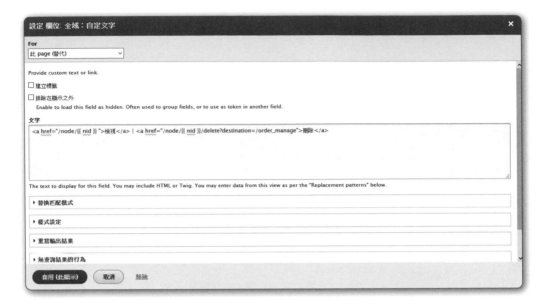

❾ 最後請記得按下「儲存」，將這隻 View 存檔，如此便完成「訂單管理後台」(/order_manage)。

2-4 功能網頁

一個內容類型為「功能網頁」的節點（node）即為一筆功能網頁，為此我們建立一個「功能網頁」內容類型。

進入內容類型列表（/admin/structure/types）點擊「新增內容類型」。

名稱輸入「功能網頁」，機器可讀名稱輸入「function_page」。送出前預覽選擇「停用」。點擊「儲存並前往管理欄位」即可。

2-4-1 購物車

請至「新增內容」（/node/add）點擊「功能網頁」。

新增內容 ☆

首頁 » Node

❷ **文章**
使用文章於對時間敏感的內容如新聞、新聞稿或部落格文章。

❷ **報名活動**

❷ **表單欄位**

❷ **填寫紀錄**

❷ **功能網頁**

建立功能網頁，在「標題」輸入「購物車」。「Body」的「文字格式」選擇「PHP 程式碼」；在「Body」輸入以下程式碼：

```php
<?php
use Drupal\Core\Entity;
use Drupal\node\Entity\Node;
```

```
$action = \Drupal::request()->query->get('action');
$nid = \Drupal::request()->query->get('id');

$session_manager = \Drupal::service('session_manager');
if(!$session_manager->isStarted()){
    // Force-start a session.
    $session_manager->start();
}

if($action!=''){
    // Process actions
    $cart = $_SESSION['cart'];
    switch ($action) {
    case 'add':
        if ($cart) {
            $cart .= ','.$nid;
        } else {
            $cart = $nid;
        }
        break;
    case 'delete':
        if ($cart) {
            $items = explode(',',$cart);
            $newcart = '';
            foreach ($items as $item) {
                if ($nid != $item) {
                    if ($newcart != '') {
                        $newcart .= ','.$item;
                    } else {
                        $newcart = $item;
                    }
                }
            }
            $cart = $newcart;
        }
        break;
    case 'update':
    if ($cart) {
        $newcart = '';
        foreach ($_POST as $key=>$value) {
            if (stristr($key,'qty')) {
                $id = str_replace('qty','',$key);
                $items = ($newcart != '') ? explode(',',$newcart) :
explode(',',$cart);
```

```
            $newcart = '';
            foreach ($items as $item) {
                if ($id != $item) {
                    if ($newcart != '') {
                        $newcart .= ','.$item;
                    } else {
                        $newcart = $item;
                    }
                }
            }
            for ($i=1;$i<=$value;$i++) {
                if ($newcart != '') {
                    $newcart .= ','.$id;
                } else {
                    $newcart = $id;
                }
            }
        }
    }
    $cart = $newcart;
    break;
    }
    $_SESSION['cart'] = $cart;
}
echo showCart();

function showCart() {

    $cart = $_SESSION['cart'];
    $output[] = '<div id="showcart_tab">';
    $output[] = '<form action="" method="post" id="cart" name="dynamicform">';
    if ($cart) {
    $items = explode(',',$cart);
    $contents = array();
    foreach ($items as $item) {
        $contents[$item] = (isset($contents[$item])) ? $contents[$item] + 1 : 1;
    }
    $output[] = '<p>請選擇數量 ...</p>';
    $output[] = '<table>';
    $output[] = '<tr>';
    $output[] = '<th>商品名稱</th>';
    $output[] = '<th>單價</th>';
    $output[] = '<th>數量</th>';
```

```
    $output[] = '<th> 小計 </th>';
    $output[] = '<th></th>';
    $output[] = '</tr>';
    $i = 0;
    foreach ($contents as $id=>$qty) {
        $node = Node::load($id);
        if(count($node) > 0){
            $pdata = $node->toArray();
            $title = $pdata['title'][0]['value'];
            $price = $pdata['field_shoujia'][0]['value'];
            $in_stock = $pdata['field_kucun'][0]['value'];
            $output[] = '<tr>';
            $output[] = '<td>'.$title.'</td>';
            $output[] = '<td>NT$'.$price.'</td>';
            $output[] = '<td><input type="text" name="qty'.$id.'"
value="'.$qty.'" size="3" maxlength="3" />';
            if($qty>$in_stock){
                $i++;
                $output[] = '<br \><p> 您所填寫的商品數量超過庫存 <p>';
            }
            $output[] = '</td>';
            $output[] = '<td>NT$'.($price * $qty).'</td>';
            $output[] = '<td><input class="del" type="image" src="https://
cdn4.iconfinder.com/data/icons/linecon/512/delete-128.png" name="delete"
onclick="handleClick(this);" value="' .$id .'" /></td>';
            $total += $price * $qty;
            $output[] = '</tr>';
        }
    }
    $output[] = '</table>';
    $output[] = '<p> 總計 : <strong>NT$'.$total.'</strong></p>';
    $output[] = '<input class="in_sb" type="submit" name="update" value=" 更新
您的購物車 " onclick="handleClick(this);" />';
    if($i==0){
        $output[] = '<input class="in_sb" type="submit" name="goback" value="
繼續購物 " onclick="handleClick(this);" />';
        $output[] = '<input class="in_sb" type="submit" name="order" value=" 結
帳 " onclick="handleClick(this);" />';
    }
    $output[] = '</div></div>';
    } else {
    $output[] = '<div id="showcart_tab"><h2> 您的購物車內沒有商品 </h2>';
    $output[] = '<input class="in_sb" type="submit" name="goback" value=" 返回
商品頁面 " onclick="handleClick(this);" /></div>';
```

```
    }
    $output[] = '</form>';

    return join('',$output);
}
?>
<script>
var url;
function handleClick(myRadio) {
    if (myRadio.name=="add") url ="/go_cart?action=add&id="+myRadio.value;
    if (myRadio.name=="update") url ="/go_cart?action=update";
    if (myRadio.name=="delete") url ="/go_cart?action=delete&id="+myRadio.value;
    if (myRadio.name=="goback") url ="/product_list";
    if (myRadio.name=="order") url ="/aio_create_order";
    document.dynamicform.action=url;
}
</script>
<style>
input.add, input.del {
    border: medium none;
    width: 50px;
}
.in_sb {
    margin-right: 30px;
}
#showcart_tab table td {
    padding-right: 80px;
}
</style>
```

接著點開「網址路徑設定」，在「路徑別名 (URL alias)」輸入「/go_cart」。

建立 功能網頁 ☆

首頁 » Node » 新增內容

標題 *

購物車

Body (編輯摘要)

```php
<?php
use Drupal\node\Entity\Node;

$action = \Drupal::request()->query->get('action');
$nid = \Drupal::request()->query->get('id');

$session_manager = \Drupal::service('session_manager');
if(!$session_manager->isStarted()){
    // Force-start a session.
    $session_manager->start();
```

文字格式 | PHP 程式碼 ▾ | 關於文字格式 ❓

● 您可以使用 PHP 程式碼。當然，您必須加上 `<?php ?>` 標籤。

最後保存: 未儲存
作者: admin
☐ 建立修訂版本

▼ 網址路徑設定

路徑別名 (URL alias)

/go_cart

The alternative URL for this content. Use a relative path. For example, enter "/about" for the about page.

▶ 作者資訊

▶ PROMOTION OPTIONS

(儲存及發表 ▾)

按下「儲存及發表」即完成網站規劃裡定義的「購物車」(/go_cart)。

2-4-2 交易訂單

請至「新增內容」（/node/add）點擊「功能網頁」。

建立功能網頁,在「標題」輸入「訂單交易」。「Body」的「文字格式」選擇「PHP程式碼」。

請注意!要在「Body」輸入的程式碼為歐付寶的金流串接,以下 function aio_create_order 中的變數,請依實際註冊歐付寶的情況置換。

	變數	名稱	說明
1	$site_merchant_id	商店代號	請參考 附錄 A 歐付寶金流
2	$site_hash_key	HashKey	請參考 附錄 A 歐付寶金流
3	$site_hash_iv	HashIV	請參考 附錄 A 歐付寶金流
4	$site_trade_desc	交易描述	請輸入實際交易描述
5	$site_return_url	交易返回頁面	請輸入實際網站網址
6	$site_client_back_url	交易通知網址	請輸入實際網站網址

在「Body」輸入以下程式碼:

```php
<?php
use Drupal\node\Entity\Node;

if($_SESSION['cart']){
    aio_create_order();
```

```php
}else{
   echo ' 無效交易 ';
}

function aio_create_order() {

   // 商店代號
   $site_merchant_id = ' 請依實際註冊歐付寶的情況置換 ';
   //HashKey
   $site_hash_key = ' 請依實際註冊歐付寶的情況置換 ';
   //HashIV
   $site_hash_iv = ' 請依實際註冊歐付寶的情況置換 ';
   // 交易描述
   $site_trade_desc = " 請輸入實際交易描述 ";
   // 交易返回頁面
   $site_return_url = " 請輸入實際網站網址 ";
   // 交易通知網址
   $site_client_back_url = " 請輸入實際網站網址 ";

   $cart = $_SESSION['cart'];
   if ($cart) {
   $items = explode(',',$cart);
   $contents = array();
   foreach ($items as $item) {
      $contents[$item] = (isset($contents[$item])) ? $contents[$item] + 1 : 1;
   }
   $i = 0;
   foreach ($contents as $id=>$qty) {
      $node = Node::load($id);
      $pdata = $node->toArray();
      $title = $pdata['title'][0]['value'];
      $price = $pdata['field_shoujia'][0]['value'];
      $in_stock = $pdata['field_kucun'][0]['value'];
      if($i>0) $manaka = '#';
      $pstal .= $manaka .$title .'*' .$qty;
      $total += $price * $qty;
      $i++;
   }
   }

   function _replaceChar($value)
   {
   $search_list = array('%2d', '%5f', '%2e', '%21', '%2a', '%28', '%29');
   $replace_list = array('-', '_', '.', '!', '*', '(', ')');
   $value = str_replace($search_list, $replace_list ,$value);
```

```
return $value;
}
// 產生檢查碼
function _getMacValue($hash_key, $hash_iv, $form_array)
{
$encode_str = "HashKey=" . $hash_key;
foreach ($form_array as $key => $value)
{
   $encode_str .= "&" . $key . "=" . $value;
}
$encode_str .= "&HashIV=" . $hash_iv;
$encode_str = strtolower(urlencode($encode_str));
$encode_str = _replaceChar($encode_str);

return md5($encode_str);
}
//-------------------------- 交易輸入參數 --------------------------
// 訂單編號
$trade_no = "go".time();
// 交易金額
$total_amt = $total;
// 交易描述
$trade_desc = $site_trade_desc;
// 如果商品名稱有多筆,需在金流選擇頁一行一行顯示商品名稱的話,商品名稱請以井號分隔 (#)
$item_name = $pstal;
// 交易返回頁面
$return_url = $site_return_url;
// 交易通知網址
$client_back_url = $site_client_back_url;
// 選擇預設付款方式
$choose_payment = "ALL";
// 是否需要額外的付款資訊
$needExtraPaidInfo = "Y";
// 交易網址(正式環境)
$gateway_url = "https://payment.allpay.com.tw/Cashier/AioCheckOut";
// 商店代號
$merchant_id = $site_merchant_id;
//HashKey
$hash_key = $site_hash_key;
//HashIV
$hash_iv = $site_hash_iv;
/**********************************************************************/

$form_array = array(
"MerchantID" => $merchant_id,
"MerchantTradeNo" => $trade_no,
```

```
    "MerchantTradeDate" => date("Y/m/d H:i:s"),
    "PaymentType" => "aio",
    "TotalAmount" => $total_amt,
    "TradeDesc" => $trade_desc,
    "ItemName" => $item_name,
    "ReturnURL" => $return_url,
    "ChoosePayment" => $choose_payment,
    "ClientBackURL" => $client_back_url,
    "NeedExtraPaidInfo" => $needExtraPaidInfo,
      );

    # 調整 ksort 排序規則 -- 依自然排序法（大小寫不敏感）
  ksort($form_array, SORT_NATURAL |SORT_FLAG_CASE);
    # 取得 Mac Value
    $form_array['CheckMacValue'] = _getMacValue($hash_key, $hash_iv, $form_array);

    $html_code = '<div id="showcart_tab"><p>購買人資料 </p>';
    $html_code .= "
    <fieldset class='form-group'><label for=''>購買人姓名 </label><input
id='purchaser_name' name='purchaser_name' class='form-control required'
placeholder='' required></fieldset>
    <fieldset class='form-group'><label for=''>聯絡電話 </label><input
id='purchaser_phone' name='purchaser_phone' class='form-control required'
placeholder='' required></fieldset>
    <fieldset class='form-group'><label for=''>電子信箱 </label><input
id='purchaser_email' name='purchaser_email' class='form-control required'
placeholder='' required></fieldset>
    <fieldset class='form-group'><label for=''>收件地址 </label><input
id='receiver_address' name='receiver_address' class='form-control required'
placeholder='' required></fieldset>
    <fieldset class='form-group'><label for=''>備註事項 </label><textarea
class='form-control' id='customer_memo' name='customer_memo' rows='3'></
textarea></fieldset>
    ";
    $html_code .= '<form id="go_order" method="post" action="' . $gateway_url . '">';
    foreach ($form_array as $key => $val) {
    $html_code .= '<input id="' . $key .'" class="in_n" type="text" name="' .
$key .'"  value="' .$val .'">';
    }
    $html_code .= "<input id='save' class='button04' type='submit' value=' 經由
歐付寶付款 '>";
    $html_code .= "</form>";
    $html_code .= '</div>';
    $html_code .= '<style>
    .in_n {display: none;}
    .in_v {margin-bottom: 10px;}
```

```
    </style>';
    echo $html_code;
    unset($_SESSION['cart']);


}
?>
<script src="https://ajax.googleapis.com/ajax/libs/jquery/2.1.4/jquery.min.
js"></script>
<script type="text/JavaScript">
$(document).ready(function() {
    $("#save").click(function() {
        if($("#purchaser_name").val()==''||$("#purchaser_phone").
val()==''||$("#purchaser_email").val()==''||$("#receiver_address").
val()=='') {
            alert("請填寫購買人資料");
    return false;
        }else{
        $.ajax({
            type: "POST",
            url: "order_save",
            dataType: "json",
            data: {
                MerchantTradeNo: $("#MerchantTradeNo").val(),
                ItemName: $("#ItemName").val(),
                TotalAmount: $("#TotalAmount").val(),
                purchaser_name: $("#purchaser_name").val(),
                purchaser_phone: $("#purchaser_phone").val(),
                purchaser_email: $("#purchaser_email").val(),
                receiver_address: $("#receiver_address").val(),
                customer_memo: $("#customer_memo").val()
            },
            success: function(data) {
                $("#go_order").submit();
            },
            error: function(jqXHR) {
                alert("發生錯誤：" + jqXHR.status);
            }
        })
        }
    })
});
</script>
```

接著點開「網址路徑設定」，在「路徑別名 (URL alias)」輸入「/aio_create_order」。

建立 功能網頁 ☆

首頁 » Node » 新增內容

標題 *

```
交易訂單
```

Body (編輯摘要)

```php
<?php
use Drupal\node\Entity\Node;

if($_SESSION['cart']){
        aio_create_order();
}else{
        echo '無效';
}

function aio_create_order() {
```

文字格式 PHP 程式碼 ∨   關於文字格式 ❓

● 您可以使用 PHP 程式碼。當然，您必須加上 `<?php ?>` 標籤。

最後保存: 未儲存
作者: admin
☐ 建立修訂版本

▼ 網址路徑設定

路徑別名 (URL alias)

```
/aio_create_order
```

The alternative URL for this content. Use a relative path. For example, enter "/about" for the about page.

▸ 作者資訊

▸ PROMOTION OPTIONS

儲存及發表 ▾

按下「儲存及發表」即完成網站規劃裡定義的「交易訂單」(aio_create_order)。

2-4-3　儲存訂單

請至「新增內容」（/node/add）點擊「功能網頁」。

新增內容 ☆

首頁 » Node

❯ **文章**
　使用文章於對時間敏感的內容如新聞、新聞稿或部落格文章。

❯ **報名活動**

❯ **表單欄位**

❯ **填寫紀錄**

❯ **功能網頁**

建立功能網頁，在「標題」輸入「儲存訂單」。在「Body」的「文字格式」選擇
「PHP 程式碼」；輸入以下程式碼：

```php
<?php
use Drupal\node\Entity\Node;

if(isset($_POST['purchaser_email'])){
   $nnode = Node::create([
   'type' => 'order',
   'title' => strip_tags($_POST['MerchantTradeNo']),
   ]);
   $nnode->field_item_name->value = strip_tags($_POST['ItemName']);
   $nnode->field_total_amt->value = strip_tags($_POST['TotalAmount']);
   $nnode->field_purchaser_name->value = strip_tags($_POST['purchaser_name']);
   $nnode->field_purchaser_phone->value = strip_tags($_POST['purchaser_phone']);
   $nnode->field_purchaser_email->value = strip_tags($_POST['purchaser_email']);
   $nnode->field_receiver_address->value = strip_tags($_POST['receiver_address']);
   $nnode->field_customer_memo->value = strip_tags($_POST['customer_memo']);
   $nnode->save();

   echo json_encode(array('MerchantTradeNo' => $_POST['MerchantTradeNo']));
}else{
   echo json_encode(array('msg' => '失敗'));
   echo '無效';
}
?>
```

接著點開「網址路徑設定」，在「路徑別名 (URL alias)」輸入「/order_save」。

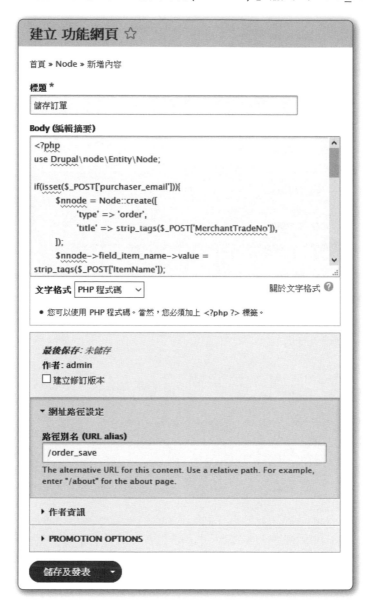

按下「儲存及發表」即完成網站規劃裡定義的「儲存訂單」(/order_save)；此頁面的功能在於送出訂單至第三方支付平台時，同時也在網站裡儲存訂單，提供客戶同步接單。

2-5 網站資訊

請至「設定」（/admin/config）點擊系統的「Basic site settings」。請您依客戶實際情況輸入網站資訊並填入網站首頁路徑。

Basic site settings ☆

首頁 » 管理 » 設定 » 系統

▼ **網站詳細資料**

網站名稱 *

> 向上文化網路書店

口號

> 文化向上 天天向上

這將如果應用取決於您的網站版型。

電子郵件地址 *

> joejojo19@yahoo.com.tw

The *From* address in automated emails sent during registration and new password requests, and other notifications

▼ **首頁**

預設的網站首頁

http://d8.open365.tw `/product_list`

Optionally, specify a relative URL to display as the front page. Leave blank to display the default front page.

▼ **錯誤頁面**

預設的 403 (拒絕存取) 頁面

如果當前使用者無權訪問所請求的文檔，將顯示此頁面。如果不確定請留空顯示通用的 "拒絕訪問" 頁面。

預設的 404 (找不到網頁) 頁面

如果所請求的文檔無法找到匹配項，將顯示此頁面。如果不確定請留空以顯示通用的 "頁面未找到" 頁面。

儲存設定

2-6 使用者與權限及角色

我們要開設網路商店賣給客戶，為此我們得建立一組使用者帳號給客戶登入網站，讓客戶得以管理商品與訂單。此「使用者」帳號即是具有管理網路商店「權限」的網路商店客戶「角色」。

2-6-1 角色

請至「使用者」（/admin/people）點擊上方頁籤的「角色」。

使用者 ☆

清單	權限	角色

首頁 » 管理

＋新增使用者

包含使用者名稱或電子郵件　　　角色　　　權限　　　　　　　　　　　　　　狀態

[　　　　　　　　　　] [– 任何 – ∨] [– 任何 – ∨] [– 任何 – ∨]

篩選

對所選的內容執行...

[Add the Administrator role to the selected users ∨]

套用

☐	使用者名稱	狀態	角色
☐	test	Active	• Facebooker
☐	admin	Active	• 管理者

套用

進入角色列表（/admin/people/roles）點擊「新增角色」。

「角色名稱」輸入「網路商店客戶」，「機器可讀名稱」輸入「store_client」，按下「儲存」。

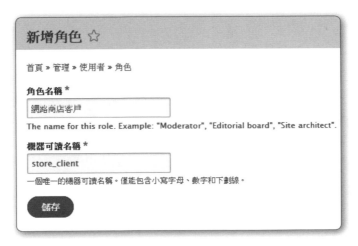

2-6-2 　權限

請至「使用者」（/admin/people）點擊上方頁籤的「權限」。

進入「權限」（/admin/people/permissions），將以下權限分配給網路商店客戶：

❶「商品」建立新的內容、編輯自己的內容、移除自己的內容

❷ 「訂單」建立新的內容、編輯任何內容、移除任何內容

權限	匿名使用者	認證的使用者	管理者	FACEBOOKER	網路商店客戶
商品：建立新的內容	☐	☐	☑	☐	☑
商品：移除任何內容	☐	☐	☑	☐	☐
商品：移除自己的內容	☐	☐	☑	☐	☑
商品: Delete revisions Role requires permission to *view revisions* and *delete rights* for nodes in question, or *administer nodes*.	☐	☐	☑	☐	☐
商品：編輯任何內容	☐	☐	☑	☐	☐
商品：編輯自己的內容	☐	☐	☑	☐	☑

2-6-3 　使用者

請至「使用者」（/admin/people）點擊上方的「新增使用者」。

請依客戶實際情況填寫註冊表單。按下「註冊新帳號」前請記得勾選「網路商店客戶」角色。

新增使用者 ☆

首頁 » 管理 » 使用者

This web page allows administrators to register new users. Users' email addresses and usernames must be unique.

電子郵件地址

kuroro9219@gmail.com

A valid email address. All emails from the system will be sent to this address. The email address is not made public and will only be used if you wish to receive a new password or wish to receive certain news or notifications by email.

使用者名稱 *

平手友梨奈

可使用之特殊字元，包含空格、句號 (.)、連字符 (–)、撇號 (')、底線 (_) 以及 @符號。

密碼 *

●●●●●●●●●●●●●●●

密碼強度： 強

確認密碼 *

●●●●●●●●●●●●●●●

密碼符合： 是

建立安全性更強的密碼：
- 加入大寫字母

為新帳號設定密碼。請輸入兩次密碼。

狀態

○ 封鎖

◉ 啟用

角色

☑ 認證的使用者

☐ 管理者

☐ Facebooker

☑ 網路商店客戶

MEMO

CHAPTER

3

報名平台的開發實例

簡單、快速、彈性、靈活，輕鬆製作線上報名平台！

3-1 網站規劃

我們要運用 Drupal 開設給客戶的報名平台包含以下功能，以報名平台「向上活動通」為例：

❶（前台）活動列表

活動名稱	報名截止時間
BEEMO 友善保鮮膜親子工作坊-測試	09/25/2016 - 17:15
DAKUO x SM系列講座一實境來襲 III：VR遊戲開發經驗-Unreal engine 4-測試	09/25/2016 - 17:00
BigGame瘋狂氣墊-2016高雄義大場-測試	09/24/2016 - 17:15
高雄市第二屆舒跑杯路跑賽-測試	08/31/2016 - 17:00
2016宜蘭國道馬拉松-測試	08/31/2016 - 17:00

❷（前台）線上報名

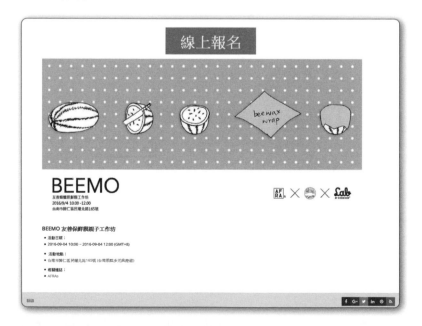

❸（後台）管理報名活動

　　提供客戶自行新增並管理活動功能，可設定報名人數限制、報名開始時間和報名
截止時間（前台依條件自動顯示額滿、報名尚未開始、報名已截止，禁止報名）。

❹（後台）活動專屬報名表

　　不同性質的活動，給人填寫的報名表當然也不同。提供進階的自訂報名表欄位功
能，客戶可依活動需要自行新增欄位，建立各種報名表格式。

表單欄位管理

新增表單欄位

	欄位名稱	欄位類型	選項	是否必填	建立時間
編輯｜刪除	姓名 / Name	單行文字題目		必填	2016-08-15 11:10:09
編輯｜刪除	性別 / Gender	單選選項題目	男, 女	必填	2016-08-15 11:11:37
編輯｜刪除	身份證號 / ID Number	單行文字題目		必填	2016-08-15 11:12:09
編輯｜刪除	電子信箱 / E-mail	單行文字題目		必填	2016-08-15 13:57:11

下表列出對應報名平台功能的頁面與路徑及使用工具：

	頁面	路徑	使用工具
1	首頁 / 活動列表頁	/event	Views
2	活動資訊詳細頁	/event_node	Views
3	活動管理後台	/event_manage	Views
4	表單欄位管理後台	/form_field_manage	Views
5	報名表管理後台	/form_record_manage	Views
6	檢視報名表	/form_record_view	Views
7	活動專屬報名表	/form	功能網頁
8	儲存填寫紀錄	/form_save	功能網頁

3-2　內容類型

3-2-1　報名活動

一個內容類型為「活動」的節點（node）即為一筆活動資料，為此我們建立一個「活動」內容類型。

❶ 進入內容類型列表（/admin/structure/types）點擊「新增內容類型」。

❷ 名稱輸入「活動」，機器可讀名稱輸入「event」。送出前預覽選擇「停用」。點擊「儲存並前往管理欄位」。

❸ 在「管理欄位」新增欄位如下：

	標籤	機器可讀名稱	欄位類型	欄位設定	編輯
1	人數上限	field_pe_limit	數字：數值（整數）	Allowed number of values：限制 1	必須填寫欄位：勾選 後置詞：人
2	報名開始時間	field_op_time	日期	日期與時間	必須填寫欄位：勾選 預設值：預設日期： 目前日期
3	報名截止時間	field_ed_time	日期	日期與時間	必須填寫欄位：勾選 預設值：預設日期： 目前日期

如下圖所示：

❹ 請記得點擊「表單顯示」，調整欄位順序，理出一個讓客戶方便填寫的表格。

管理表單顯示 ☆

| 編輯 | 管理欄位 | 管理表單顯示 | 管理顯示 |

首頁 » 管理 » 架構 » 內容類型 » Event

使用不同的表單模式內容項目可被編輯. 在此, 您可以定義哪個欄位可以顯示和隱藏當 *報名活動* 內容是被編輯於每一表單模式, 和定義每一表單模式中欄位表單小工具是如何被顯示的.

顯示列欄權重

欄位	WIDGET		
✛ 標題	文字欄位 ∨	文字欄位長度：60	✿
✛ 報名開始時間	日期與時間 ∨		
✛ 報名截止時間	日期與時間 ∨		
✛ 人數上限	數字欄位 ∨	沒有位置標誌符	✿
✛ Body	摘要多行文字區域 ∨	行數：9 Number of summary rows: 3	✿

3-2-2　表單欄位

❶ 進入內容類型列表（/admin/structure/types）點擊「新增內容類型」。

❷ 名稱輸入「表單欄位」，機器可讀名稱輸入「form_field」。送出前預覽選擇「停用」。標題欄位標籤輸入「欄位名稱」。點擊「儲存並前往管理欄位」。

❸ 在「管理欄位」新增欄位如下：

	標籤	機器可讀名稱	欄位類型	欄位設定	編輯
1	所屬活動	field_ff_event	數字：數值（整數）	Allowed number of values：限制 1	必須填寫欄位：勾選 說明文字：請輸入目前網址最後面的數字
2	是否必填	field_ff_required	文字清單	許可值列表： 1| 必填 2| 選填	必須填寫欄位：勾選 預設值：必填
3	欄位類型	field_ff_type	文字清單	許可值列表： text| 單行文字題目 textarea| 多行文字題目 radio| 單選選項題目 checkbox| 多選選項題目	必須填寫欄位：勾選 預設值：單行文字題目
4	選項	field_ff_item	文字：Text（純文字）	Allowed number of values：無限制	必須填寫欄位：勾選

如下圖所示：

❹ 請記得點擊「表單顯示」，調整欄位順序，理出一個讓客戶方便填寫的表格。

3-2-3　填寫紀錄

❶ 進入內容類型列表（/admin/structure/types）點擊「新增內容類型」。

❷ 名稱輸入「填寫紀錄」，機器可讀名稱輸入「form_record」。送出前預覽選擇「停用」。標題欄位標籤輸入「填單編號」。點擊「儲存並前往管理欄位」。

❸ 在「管理欄位」新增欄位如下：

	標籤	機器可讀名稱	欄位類型	欄位設定	編輯
1	所屬活動	field_fr_mu_nid	數字：數值（整數）	Allowed number of values：限制 1	必須填寫欄位：勾選
2	所屬欄位	field_fr_ff_nid	數字：數值（整數）	Allowed number of values：1	必須填寫欄位：勾選
3	欄位名稱	field_fr_ff_name	文字：Text（純文字）	Allowed number of values：1	必須填寫欄位：勾選
4	值	field_fr_value	文字（純文字、長字串）	Allowed number of values：1	

如下圖所示：

❹ 請記得點擊「表單顯示」，調整欄位順序，理出一個讓客戶方便填寫的表格。

3-3 Views

3-3-1 活動列表頁

❶ 進入 views 列表（/admin/structure/views）點擊「新增 view」。

❷ View 基本資訊的檢視名稱輸入「活動」，機器可讀名稱輸入「event」。View 設定的顯示選擇「內容」，類型為「活動」，排序方式為「由新到舊」。勾選頁面設定的「建立頁面」，Page title 輸入「活動列表」，路徑輸入「event」，頁面顯示設定的顯示格式選擇「表格」，按下「儲存後繼續編輯」。

這個頁面設定路徑「event」，即是網站規劃裡定義的「首頁 / 活動列表頁」。

❸ 在「欄位」新增以下欄位：

1. ID

2. 標題

3. 報名截止時間

按下「增加和設定 欄位」。

❹ 在「設定 欄位：內容：ID」裡，勾選「排除在顯示之外」，按下「套用」。

❺ 在「設定 欄位：內容：標題」裡，勾選「建立標籤」後輸入「活動名稱」，取消勾選「連結至 內容」，點擊「重寫輸出結果」後勾選「Output this field as a custom link」並在「連結路徑」輸入「event_node/{{ nid }}」，按下「套用」。

設定 欄位：內容：標題

For
此 page (替代)

☑ 建立標籤

標籤
活動名稱

☑ Place a colon after the label

☐ 排除在顯示之外
Enable to load this field as hidden. Often used to group fields, or to use as token in another field.

格式器：
純文字

☐ 連結至 內容

▸ 樣式設定

▾ 重寫輸出結果

☐ Override the output of this field with custom text

☑ Output this field as a custom link

連結路徑
event_node/{{ nid }}

套用 (此顯示)　取消　移除

❻ 在「設定 欄位：內容：報名截止時間」裡，勾選「建立標籤」後輸入「報名截止時間」，「Time zone override」選擇客戶所在的時區，並在「日期格式」選擇「預設短日期」，按下「套用」。

⑦ 最後請記得按下「儲存」，將這隻 View 存檔，如此便完成「活動列表頁」（/event）。

3-3-2 活動資訊詳細頁

① 複製先前的 views 為 Page 副本或進入 views 列表（/admin/structure/views）點擊「新增 view」。

❷ View 基本資訊的檢視名稱輸入「活動資訊詳細」，機器可讀名稱輸入「event_node」。View 設定的顯示選擇「內容」，類型為「活動」，排序方式為「由新到舊」。勾選頁面設定的「建立頁面」，Page title 輸入「」即不顯示頁面標題，路徑輸入「event_node」，頁面顯示設定的顯示格式選擇「未格式化的清單」，按下「儲存後繼續編輯」。

這個頁面設定路徑「event_node」，即是網站規劃裡定義的「活動資訊詳細頁」。

❸ 在「欄位」新增以下欄位：

1. Body

按下「增加和設定 欄位」。

❹ 在「設定 欄位：內容：Body」裡，直接按下「套用」。

❺ 請點開「進階」，在「上下文過濾器」點「新增」，找到「ID」後勾選，按下「增加和設定 contextual filters」，再按下「套用」。

❻ 最後請記得按下「儲存」，將這隻 View 存檔，如此便完成「活動資訊詳細頁」（/event_node）。

3-3-3 活動管理後台

❶ 複製先前的 views 為 Page 副本或進入 views 列表（/admin/structure/views）點擊「新增 view」。

❷ View 基本資訊的檢視名稱輸入「活動管理」，機器可讀名稱輸入「event_managee」。View 設定的顯示選擇「內容」，類型為「活動」，排序方式為「由新到舊」。勾選頁面設定的「建立頁面」，Page title 輸入「活動管理」，路徑輸入「event_manage」，頁面顯示設定的顯示格式選擇「表格」，按下「儲存後繼續編輯」。

這個頁面設定路徑「event_manage」，即是網站規劃裡定義的「活動管理後台」。

❸ 在「欄位」新增以下欄位：

1. ID
2. 自定文字
3. 標題
4. 自定文字
5. 自定文字

按下「增加和設定 欄位」。

❹ 在「設定 欄位：內容：ID」裡，勾選「排除在顯示之外」，按下「套用」。

❺ 在「設定 欄位：內容：自定文字」裡，在「文字」輸入「<a href="/node/{{ nid }}/edit?destination=/event_manage"> 編 輯 </a> | <a href="/node/{{ nid }}/delete?destination=/event_manage"> 刪除 </a>」，按下「套用」。

❻ 在「設定 欄位：內容：標題」裡，勾選「建立標籤」後輸入「活動名稱」，取消勾選「連結至 內容」，按下「套用」。

設定 欄位: 內容：標題

For

此 page (替代)

☑ 建立標籤

標籤

活動名稱

☐ Place a colon after the label

☐ 排除在顯示之外
　Enable to load this field as hidden. Often used to group fields, or to use as token in another field.

格式器：

純文字

☐ 連結至 內容

❼ 在「設定 欄位：內容：自定文字」裡，在「文字」輸入

```
<a href="/form_field_manage/{{ nid }}">管理報名表欄位 </a>
```

，按下「套用」。

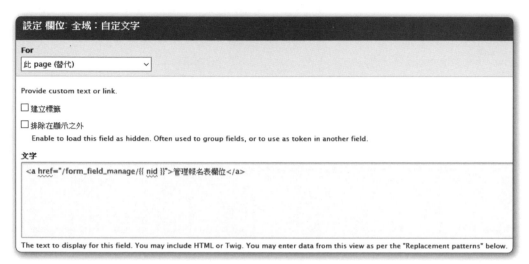

❽ 在「設定 欄位：內容：自定文字」裡，在「文字」輸入

```
<a href="/form_record_manage/{{ nid }}">管理報名表 </a>
```

，按下「套用」。

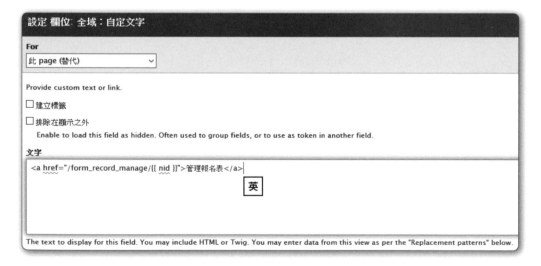

❾ 請至「頁首」點擊「新增」後勾選「多行文字欄位」，接著勾選「即使 view 沒有結果也顯示出來」，然後在「內容」輸入以下程式碼：

```
<a href="/node/add/event?destination=/event_manage">新增報名活動</a>
```

文字格式選擇「PHP 程式碼」，按下「套用」。

❾ 最後請記得按下「儲存」，將這隻 View 存檔，如此便完成「活動管理後台」（/event_manage）。

3-3-4 表單欄位管理後台

❶ 複製先前的 views 為 Page 副本或進入 views 列表（/admin/structure/views）點擊「新增 view」。

❷ View 基本資訊的檢視名稱輸入「表單欄位管理」，機器可讀名稱輸入「form_field_manage」。View 設定的顯示選擇「內容」，類型為「表單欄位」，排序方式為「由舊到新」。勾選頁面設定的「建立頁面」，Page title 輸入「表單欄位管理」，路徑輸入「form_field_manage」，頁面顯示設定的顯示格式選擇「表格」，按下「儲存後繼續編輯」。

這個頁面設定路徑「form_field_manage」，即是網站規劃裡定義的「表單欄位管理後台」。

❸ 在「欄位」新增以下欄位：

1. ID

2. 自定文字

3. 標題

4. 發表於

按下「增加和設定 欄位」。

❹ 在「設定 欄位：內容：ID」裡，勾選「排除在顯示之外」，按下「套用」。

❺ 在「設定 欄位：內容：自定文字」裡，在「文字」輸入「<a href="/node/{{ nid }} /edit?destination=/form_field_manage "> 編輯 </a> | <a href="/node/{{ nid }} / delete?destination=/form_field_manage "> 刪除 </a>」，按下「套用」。

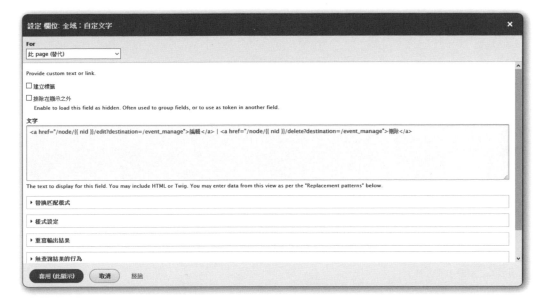

❻ 在「設定 欄位：內容：標題」裡，勾選「建立標籤」後輸入「欄位名稱」，取消 勾選「連結至 內容」，按下「套用」。

❼ 在「設定 欄位：內容：發表於」裡，勾選「建立標籤」在標籤輸入「建立時間」，「日期格式」選擇「自定」在自訂日期格式輸入「Y-m-d H:i:s」，「時區」選擇「客戶所在的時區」，按下「套用」。

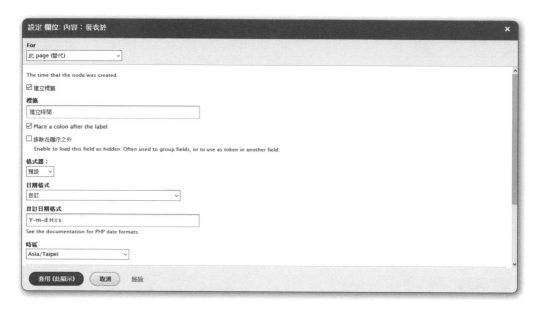

❽ 請至「頁首」點擊「新增」後勾選「多行文字欄位」，接著勾選「即使 view 沒有結果也顯示出來」，然後在「內容」輸入以下程式碼：

```php
<?php
use Drupal\node\Entity\Node;
$path = \Drupal::request()->getpathInfo();
$arg  = explode('/',$path);
$nid = $arg['2'];
echo '<a href="/node/add/form_field?destination=/form_field_manage/' .$nid .'">
新增表單欄位 </a>';
?>
```

文字格式選擇「PHP 程式碼」，按下「套用」。

❾　請點開「進階」，在「上下文過濾器」點「新增」，找到「所屬活動 (field_ff_
event)」後勾選，按下「增加和設定 contextual filters」，再按下「套用」。

⑩ 最後請記得按下「儲存」，將這隻 View 存檔，如此便完成「表單欄位管理後台」
（/form_field_manage）。

3-3-5　報名表管理後台

❶ 複製先前的 views 為 Page 副本或進入 views 列表（/admin/structure/views）點
擊「新增 view」。

❷ View 基本資訊的檢視名稱輸入「報名表管理」，機器可讀名稱輸入「form_
record_manage」。View 設定的顯示選擇「內容」，類型為「填寫紀錄」，排序
方式為「由新到舊」。勾選頁面設定的「建立頁面」，Page title 輸入「報名表管
理」，路徑輸入「form_record_manage」，頁面顯示設定的顯示格式選擇「表
格」，按下「儲存後繼續編輯」。

這個頁面設定路徑「form_record_manage」，即是網站規劃裡定義的「報名表
管理後台」。

❸ 在「欄位」新增以下欄位：

1. ID

2. 自定文字

3. 標題

4. 值

5. 發表於

按下「增加和設定 欄位」。

❹ 在「設定 欄位：內容：ID」裡，勾選「排除在顯示之外」，按下「套用」。

❺ 在「設定 欄位：內容：自定文字」裡，在「文字」輸入

```
<a href="/form_record_view/{{ title }}">檢視</a>
```

，按下「套用」。

❻ 在「設定 欄位：內容：標題」裡，勾選「建立標籤」後輸入「填單編號」，取消勾選「連結至 內容」，按下「套用」。

❼ 在「設定 欄位：內容：值」裡，直接按下「套用」。

❽ 在「設定 欄位：內容：發表於」裡，勾選「建立標籤」在標籤輸入「填單時間」，「日期格式」選擇「自定」在自訂日期格式輸入「Y-m-d H:i:s」，「時區」選擇「客戶所在的時區」，按下「套用」。

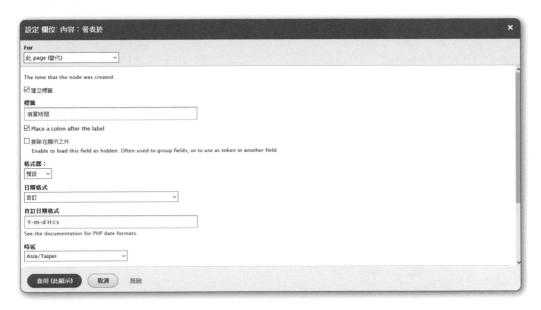

❾ 請至「過濾條件」點擊「新增」後勾選「Body (body)」，在「運算元」選擇「包含」，在「數值」填入「1」，按下「套用」。

⑩ 請點開「進階」，在「上下文過濾器」點「新增」，找到「所屬活動 (field_fr_mu_nid)」後勾選，按下「增加和設定 contextual filters」，再按下「套用」。

⑪ 最後請記得按下「儲存」，將這隻 View 存檔，如此便完成「報名表管理後台」(/form_record_manage)。

3-3-6 檢視報名表

❶ 複製先前的 views 為 Page 副本或進入 views 列表（/admin/structure/views）點擊「新增 view」。

❷ View 基本資訊的檢視名稱輸入「檢視報名表」，機器可讀名稱輸入「form_record_view」。View 設定的顯示選擇「內容」，類型為「填寫紀錄」，排序方式為「由舊到新」。勾選頁面設定的「建立頁面」，Page title 輸入「檢視報名表」，路徑輸入「form_record_view」，頁面顯示設定的顯示格式選擇「表格」，按下「儲存後繼續編輯」。

這個頁面設定路徑「form_record_view」，即是網站規劃裡定義的「檢視報名表」。

❸ 在「欄位」新增以下欄位：

1. 欄位名稱

2. 值

按下「增加和設定 欄位」。

❹ 在「設定 欄位：內容：欄位名稱」裡，勾選「建立標籤」後輸入「題目」，按下「套用」。

093

❺ 在「設定 欄位：內容：值」裡，勾選「建立標籤」後輸入「回答」，按下「套用」。

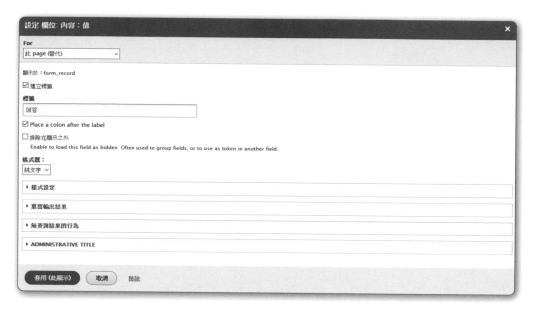

❻ 請點開「進階」，在「上下文過濾器」點「新增」，找到「標題」後勾選，按下「增加和設定 contextual filters」，再按下「套用」。

❼ 最後請記得按下「儲存」，將這隻 View 存檔，如此便完成「檢視報名表」（/form_record_view）。

檢視報名表

題目	回答
姓名 / Name	佐佐木琴子
性別 / Gender	女
身份證號 / ID Number	av6000795
電子信箱 / E-mail	joejojo19@yahoo.com.tw

3-4　功能網頁

一個內容類型為「功能網頁」的節點（node）即為一筆功能網頁，為此我們建立一個「功能網頁」內容類型。

進入內容類型列表（/admin/structure/types）點擊「新增內容類型」。

名稱輸入「功能網頁」，機器可讀名稱輸入「function_page」。送出前預覽選擇「停用」。點擊「儲存並前往管理欄位」即可。

3-4-1　活動專屬報名表

請至「新增內容」（/node/add）點擊「功能網頁」。

新增內容 ☆

首頁 » Node

❯ 文章
　使用文章於對時間敏感的內容如新聞、新聞稿或部落格文章。

❯ 報名活動

❯ 表單欄位

❯ 填寫紀錄

❯ 功能網頁

建立功能網頁，在「標題」輸入「活動專屬報名表」。在「Body」的「文字格式」選擇「PHP 程式碼」；輸入以下程式碼：

```php
<form name="form1" data-ajax="false" action="/form_save" method="POST">
<table class="group_register" width="100%" cellspacing="0" cellpadding="0"
border="0">
<tbody>
<?php
use Drupal\node\Entity\Node;

$query = \Drupal::database()->select('node_field_data', 'nfd');
$query->fields('nfd', ['nid', 'title']);
$query->condition('nfd.type', 'form_field');
$form_field = $query->execute()->fetchAllAssoc('nid');

$nid = \Drupal::request()->query->get('id');

if($nid){
    foreach($form_field as $smid) {
        $node = Node::load($smid->nid);
        $pdata = $node->toArray();
        $event_id = $pdata['field_ff_event'][0]['value'];
        $title = $pdata['title'][0]['value'];
        $type = $pdata['field_ff_type'][0]['value'];
        if($pdata['field_ff_required'][0]['value']=='1'){
            $required = 'required';
        }else{
            $required = '';
```

```php
        }
        $item =   $pdata['field_ff_item'];
        if($event_id==$nid){
            echo '<tr class="gray"><td class="td1">' .$title .'</td><td>';
            if($type == 'text'){
                echo '<input type="text" name="qc_' .$smid->nid .'" ' .$required .'>';
            }else if($type == 'textarea'){
                echo '<textarea cols="50" rows="5" name="qc_' .$smid->nid .'" '
.$required .'></textarea>';
            }else if($type == 'radio'){
                for($i=0;$i<count($item);$i++){
                    echo '<input type="radio" name="qc_' .$smid->nid .'" value="'
.$item[$i]['value'] .'">' .$item[$i]['value'];
                }
            }else if($type == 'checkbox'){
                for($i=0;$i<count($item);$i++){
                    echo '<input type="checkbox" name="qc_' .$smid->nid .'[]"
value="' .$item[$i]['value'] .'">' .$item[$i]['value'];
                }
            }
            echo '</td></tr>';
        }
    }
?>
</tbody>
</table>
<input type="hidden" id="ff_mu_nid" name="ff_mu_nid" value="<?php echo $nid; ?>">
<br><input type="submit" id="submit" name="send" value=" 確定送出 ">
</form>
<style>
table.group_register .gray {
    background-color: #f4f4f4;
}
table.group_register td.td1 {
    padding-right: 40px;
    text-align: right;
    vertical-align: text-top;
    width: 190px;
  border: 1px solid #fff;
}
table.group_register input.text {
    height: 25px;
    width: 250px;
}
</style>
<?php
}else{
```

```
    echo '禁止報名';
}
?>
```

接著點開「網址路徑設定」，在「路徑別名 (URL alias)」輸入「/form」。

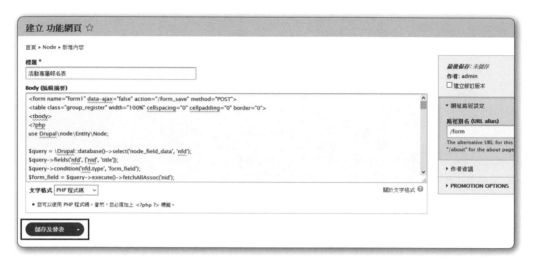

按下「儲存及發表」即完成網站規劃裡定義的「活動專屬報名表」(/form)。

3-4-2　儲存填寫紀錄

請至「新增內容」（/node/add）點擊「功能網頁」。

建立功能網頁，在「標題」輸入「儲存填寫紀錄」。在「Body」的「文字格式」選擇
「PHP 程式碼」；輸入以下程式碼：

```php
<?php
use Drupal\node\Entity\Node;

if(isset($_POST['send'])){

    $rand_val =  date("YmdHis") .rand(0,9999);

    $query = \Drupal::database()->select('node_field_data', 'nfd');
    $query->fields('nfd', ['nid', 'title']);
    $query->condition('nfd.type', 'form_field');
    $form_field = $query->execute()->fetchAllAssoc('nid');
    $i = 0;
    foreach($form_field as $smid) {
        $node = Node::load($smid->nid);
        $pdata = $node->toArray();
        $mu_id = $pdata['field_ff_event'][0]['value'];
        $ff_name = $pdata['title'][0]['value'];
        if($mu_id==strip_tags($_POST['ff_mu_nid'])){
            $qc = 'qc_' .$smid->nid;
            $type = $pdata['field_ff_type'][0]['value'];

            $nnode = Node::create([
                'type' => 'form_record',
                'title' => strip_tags($_POST['ff_mu_nid']) .'--' .$rand_val,
            ]);
            $nnode->field_fr_mu_nid->value = $_POST['ff_mu_nid'];    // 主單 id
            $nnode->field_fr_ff_nid->value = $smid->nid;             // 欄位 id
            $nnode->field_fr_ff_name->value = $ff_name;              // 欄位名稱
            if($type=='checkbox'){
                $nnode->field_fr_value->value = implode(",",strip_tags($_
POST[$qc]));       // 多選值
            }else{
                $nnode->field_fr_value->value = strip_tags($_POST[$qc]);    // 值
            }
            if($i==0){
                $nnode->body->value = '1';    // 多選值
            }
            $nnode->save();
            $i++;
        }
    }
```

```
    echo '<h1> 報名完成 </h1>';
}else{
    echo '<h1> 報名錯誤 </h1>';
}
?>
```

接著點開「網址路徑設定」，在「路徑別名 (URL alias) 」輸入「/form_save」。

按下「儲存及發表」即完成網站規劃裡定義的「儲存填寫紀錄」(/form_save)。

3-5 網站資訊

請至「設定」（/admin/config）點擊系統的「Basic site settings」。請您依實際情況
輸入網站資訊。

Basic site settings ☆

首頁 » 管理 » 設定 » 系統

▼ 網站詳細資料

網站名稱 *

向上活動通

口號

各類活動線上報名系統

這將如果應用取決於您的網站版型。

電子郵件地址 *

joejojo19@yahoo.com.tw

The *From* address in automated emails sent during registration and new password requests, and other notifications. (U

▼ 首頁

預設的網站首頁

http://d8.open365.tw /event

Optionally, specify a relative URL to display as the front page. Leave blank to display the default front page.

▼ 錯誤頁面

預設的 403 (拒絕存取) 頁面

如果當前使用者無權訪問所諸求的文檔，將顯示此頁面。如果不確定請留空顯示通用的 "拒絕訪問" 頁面。

預設的 404 (找不到網頁) 頁面

如果所諸求的文檔無法找到匹配項，將顯示此頁面。如果不確定請留空以顯示通用的 "頁面未找到" 頁面。

儲存設定

3-6 使用者與權限及角色

我們要開設報名平台賣給客戶，我們得建立一個使用者帳號給客戶登入網站，讓客戶得以管理活動與報名表。此「使用者」帳號即是具有管理報名平台「權限」的報名平台客戶「角色」。

3-6-1 角色

請至「使用者」（/admin/people）點擊上方頁籤的「角色」。

使用者 ☆

清單	權限	角色

首頁 » 管理

＋新增使用者

包含使用者名稱或電子郵件　　　　　**角色**　　　　　**權限**　　　　　　　　　　　　　**狀態**

　　　　　　　　　　　　　　　　　　　- 任何 -　　　- 任何 -　　　　　　　　　　　　　- 任何 -

篩選

對所選的內容執行...

Add the Administrator role to the selected users

套用

☐	使用者名稱	狀態	角色
☐	test	Active	● Facebooker
☐	admin	Active	● 管理者

套用

進入角色列表（/admin/people/roles）點擊「新增角色」。

「角色名稱」輸入「報名平台客戶」,「機器可讀名稱」輸入「event_client」,按下「儲存」。

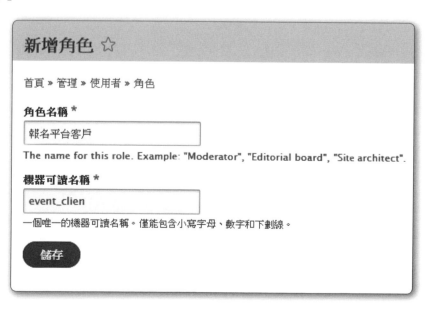

3-6-2　權限

請至「使用者」（/admin/people）點擊上方頁籤的「權限」。

進入「權限」（/admin/people/permissions），將以下權限分配給報名平台客戶：

❶ 「報名活動」建立新的內容、編輯自己的內容、移除自己的內容

❷ 「表單欄位」建立新的內容、編輯自己的內容、移除自己的內容

權限	匿名使用者	認證的使用者	管理者	FACEBOOKER	網路商店客戶	報名平台客戶
報名活動：建立新的內容	☐	☐	☑	☐	☐	☑
報名活動：移除任何內容	☐	☐	☑	☐	☐	☐
報名活動：移除自己的內容	☐	☐	☑	☐	☐	☑
報名活動: Delete revisions Role requires permission to *view revisions* and *delete rights* for nodes in question, or *administer nodes*.	☐	☐	☑	☐	☐	☐
報名活動：編輯任何內容	☐	☐	☑	☐	☐	☐
報名活動：編輯自己的內容	☐	☐	☑	☐	☐	☑

3-6-3　使用者

請至「使用者」（/admin/people）點擊上方的「新增使用者」。

請依客戶實際情況填寫註冊表單。按下「註冊新帳號」前請記得勾選「報名平台客戶」角色。

新增使用者 ☆

首頁 » 管理 » 使用者

This web page allows administrators to register new users. Users' email addresses and usernames must be unique.

電子郵件地址

```
joejojo19@yahoo.com.tw
```

A valid email address. All emails from the system will be sent to this address. The email address is not made public and will

使用者名稱 *

```
泽部佑
```

可使用之特殊字元，包含空格、句號 (.)、連字符 (-)、撇號 (')、底線 (_) 以及 @符號。

密碼 *

```
●●●●●●●●●●●●●●●●●●●●●●
```

密碼強度：強

確認密碼 *

```
●●●●●●●●●●●●●●●●●●●●●●
```

密碼符合：是

> 建立安全性更強的密碼：
> * 加入大寫字母

為新帳號設定密碼。請輸入兩次密碼。

狀態

○ 封鎖
◉ 啟用

角色

☑ 認證的使用者
☐ 管理者
☐ Facebooker
☐ 網路商店客戶
☑ 報名平台客戶

MEMO

CHAPTER

4

預約系統的開發實例

4-1 網站規劃

我們要運用 Drupal 開設給客戶的預約系統包含以下功能，以車輛出租預約系統「向上租車」為例：

❶（前台）適用各種事物預約

租車、住宿、訂球場、會議室、律師諮詢、醫生看診、學生選課、教師授課等……都可以設定預約。

❷（前台）點日曆填預約表

採用直覺化日曆介面，可預約之日期資訊一目了然，使用者能夠快速查詢，馬上預約。

❸（後台）預約標的管理

管理預約標的，預約標的的新增、編輯、刪除。

預約標的管理
新增預約標的

	標的名稱	
編輯｜刪除	Mitsubishi Zinger 2.4(7人座)	管理預約單
編輯｜刪除	Ford Tierra 1.6	管理預約單

❹（後台）預約單管理

預約單管理

	預約日期	預約人	填單時間
檢視	08/31/2016 - 20:00	open	2016-08-29 15:34:44
檢視	08/25/2016 - 20:00	open	2016-08-18 11:44:42
檢視	08/22/2016 - 20:00	福山雅治	2016-08-16 17:17:54
檢視	08/18/2016 - 20:00	草彅剛	2016-08-16 16:50:37

下表列出對應預約系統功能的頁面與路徑及使用工具：

	頁面	路徑	使用工具
1	首頁 / 出租列表頁	/rent	Views
2	出租資訊詳細頁	/rent_node	Views
3	日期選擇頁面（月曆）	/calendar_riqi/month	Views
4	預約標的管理後台	/thing_manage	Views
5	預約單管理後台	/yuyue_manage	Views
6	儲存預約紀錄	/rent_save	功能網頁

4-2 內容類型

4-2-1 預約標的

一個內容類型為「預約標的」的節點（node）即為一筆預約標的，為此我們建立一個「預約標的」內容類型。

❶ 進入內容類型列表（/admin/structure/types）點擊「新增內容類型」。

❷ 名稱輸入「預約標的」，機器可讀名稱輸入「thing」。送出前預覽選擇「停用」。點擊「儲存並前往管理欄位」。

❸ 在「管理欄位」新增圖片欄位（field_tupian），如果先前已建立此欄位，在「Reuse an existing field」選擇既有的欄位：圖片；如果沒有，新增欄位如下：

	標籤	機器可讀名稱	欄位類型	欄位設定	編輯
1	圖片	field_tupian	參照：圖片	Allowed number of values：限制 1	必須填寫欄位：勾選

如下圖所示：

❹ 請記得點擊「表單顯示」，調整欄位順序，理出一個讓客戶方便填寫的表格。

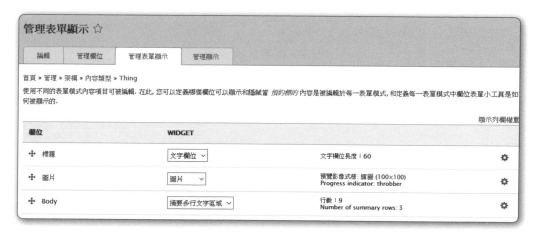

4-2-2 預約單

一個內容類型為「預約單」的節點（node）即為一筆預約單資料，為此我們建立一個「預約單」內容類型。

❶ 進入內容類型列表（/admin/structure/types）點擊「新增內容類型」。

❷ 名稱輸入「預約單」，機器可讀名稱輸入「yuyue」。標題欄位標籤輸入「姓名」。送出前預覽選擇「停用」。點擊「儲存並前往管理欄位」。

❸ 在「管理欄位」新增欄位如下：

	標籤	機器可讀名稱	欄位類型	欄位設定	編輯
1	所屬	field_suoshu	數字：數值（整數）	Allowed number of values：限制 1	必須填寫欄位：勾選
2	日期	field_riqi	日期	日期與時間	必須填寫欄位：勾選 預設值：預設日期：目前日期
3	手機號碼	field_cellphone	文字：Text（純文字）	Allowed number of values：限制 1	必須填寫欄位：勾選
4	電子郵件	field_email	文字：Text（純文字）	Allowed number of values：限制 1	必須填寫欄位：勾選
5	備註	field_beizhu	文字（純文字、長字串）	Allowed number of values：限制 1	必須填寫欄位：勾選

如下圖所示：

4-3 Views

4-3-1 出租列表頁

❶ 進入 views 列表（/admin/structure/views）點擊「新增 view」。

❷ View 基本資訊的檢視名稱輸入「預約標的」，機器可讀名稱輸入「rent」。View
設定的顯示選擇「內容」，類型為「預約標的」，排序方式為「由新到舊」。勾選
頁面設定的「建立頁面」，Page title 輸入「出租列表」，路徑輸入「rent」，頁面
顯示設定的顯示格式選擇「HTML 清單」of「欄位」，按下「儲存後繼續編輯」。

這個頁面設定路徑「rent」，即是網站規劃裡定義「出租列表頁」。

新增 view ☆

首頁 » 管理 » 架構 » Views

VIEW 基本資訊

檢視名稱 *

預約標的

機器可讀名稱 *

rent

為這個 View 指定一個唯一的機讀名稱，只能使用小寫字母、數字還有底線。

☐ 描述

VIEW 設定

顯示: 內容 ⌄ 類型為: 預約標的 ⌄ 排序方式為: 由新到舊 ⌄

頁面設定

☑ 建立頁面

Page title

出租列表

路徑

rent

頁面顯示設定

顯示格式:

HTML 清單 ⌄ of: 欄位 ⌄

每頁項目

15 ⬍

☑ 使用分頁

☐ 新增選單連結

☐ Include an RSS feed

區塊設定

☐ 新增區塊

(儲存後繼續編輯) (取消)

---

❸ 在「欄位」新增以下欄位：

1. ID

2. 圖片

3. 標題

4. 自定文字

按下「增加和設定 欄位」。

❹ 在「設定 欄位：內容：ID」裡，勾選「排除在顯示之外」，按下「套用」。

❺ 在「設定 欄位：內容：圖片」裡，「圖像樣式」選擇「中 (200×200)」，「連結圖片至」選擇「沒有」，點擊「重寫輸出結果」後勾選「Output this field as a custom link」並在「連結路徑」輸入「rent_node/{{ nid }}」，按下「套用」。

❻ 在「設定 欄位：內容：標題」裡，取消勾選「連結至 內容」，點擊「重寫輸出結果」後勾選「Output this field as a custom link」並在「連結路徑」輸入「rent_node/{{ nid }}」，按下「套用」。

❼ 在「設定 欄位：內容：自定文字」裡，在「文字」輸入

```
<a id="{{ nid }}" class="but"> 我要租車 </a>
```

，按下「套用」。

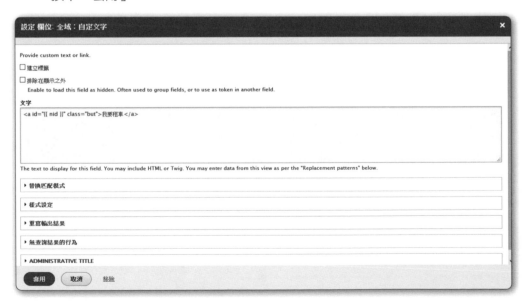

❽ 請至「頁首」點擊「新增」後勾選「多行文字欄位」，在「內容」輸入以下程式碼：

```php
<?php
$path = \Drupal::request()->getpathInfo();
$arg  = explode('/',$path);
if($arg['1']=='rent'){
$ym = date("Ym");
?>
<script src="http://ajax.googleapis.com/ajax/libs/jquery/1/jquery.min.js"></script>
<script>
$(document).ready(function(){
    $(".but").click(function(){
    var ID = $(this).attr("id");
    document.location.href="/calendar_riqi/month/<?php echo $ym; ?>/"+ID;
    });
});
</script>
<style>
.arrow_list > li {
    float: left;
    list-style: none outside none;
    margin: 0 0 0 20px;
    text-align: center;
    width: 240px;
}
.views-field-field-tupian {
    height: 183px;
}
.but {
    background: #1ab7ea none repeat scroll 0 0;
    border: 0 none;
    border-radius: 0;
    color: #fff;
    cursor: pointer;
    display: inline-block;
    line-height: 100%;
    padding: 10px 15px;
    text-decoration: none;
    text-transform: uppercase;
}
</style>
<?php } ?>
```

文字格式選擇「PHP 程式碼」，按下「套用」。

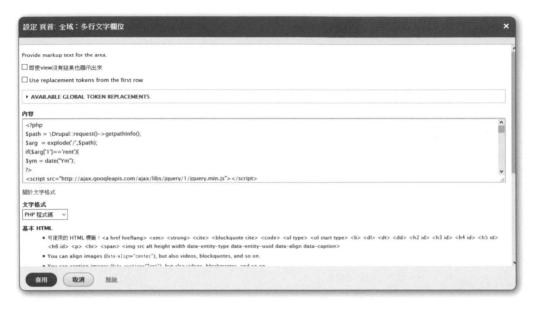

❾ 最後請記得按下「儲存」，將這隻 View 存檔，如此便完成「出租列表頁」(/rent)。

4-3-2　出租資訊詳細頁

❶ 複製先前的 views 為 Page 副本或進入 views 列表(/admin/structure/views)點擊「新增 view」。

❷ View 基本資訊的檢視名稱輸入「出租資訊詳細」，機器可讀名稱輸入「rent_node」。View 設定的顯示選擇「內容」，類型為「預約標的」，排序方式為「由新到舊」。勾選頁面設定的「建立頁面」，Page title 輸入「」即不顯示頁面標題，路徑輸入「rent_node」，頁面顯示設定的顯示格式選擇「未格式化的清單」，按下「儲存後繼續編輯」。

這個頁面設定路徑「rent_node」，即是網站規劃裡定義的「出租資訊詳細頁」。

❸ 在「欄位」新增以下欄位：

1. ID

2. 圖片

3. 標題

4. Body

5. 自定文字

按下「增加和設定 欄位」。

❹ 在「設定 欄位：內容：ID」裡，勾選「排除在顯示之外」，按下「套用」。

❺ 在「設定 欄位：內容：圖片」裡，「圖像樣式」選擇「中 (200×200)」，「連結圖片至」選擇「檔案」，按下「套用」。

❻ 在「設定 欄位：內容：標題」裡，取消勾選「連結至 內容」，按下「套用」。

❼　在「設定 欄位：內容：Body」裡，直接按下「套用」。

❼　在「設定 欄位：內容：自定文字」裡，在「文字」輸入

```
<a id="{{ nid }}" class="but">我要租車</a>
```

，按下「套用」。

❽ 請至「頁首」點擊「新增」後勾選「多行文字欄位」，在「內容」輸入以下程式碼：

```php
<?php
$path = \Drupal::request()->getpathInfo();
$arg  = explode('/',$path);
if($arg['1']=='rent_node'){
$ym = date("Ym");
?>
<script src="http://ajax.googleapis.com/ajax/libs/jquery/1/jquery.min.js"></
script>
<script>
$(document).ready(function(){
    $(".but").click(function(){
   var ID = $(this).attr("id");
   document.location.href="/calendar_riqi/month/<?php echo $ym; ?>/"+ID;
    });
});
</script>
<style>
.but {
    background: #1ab7ea none repeat scroll 0 0;
    border: 0 none;
    border-radius: 0;
    color: #fff;
    cursor: pointer;
    display: inline-block;
    line-height: 100%;
    padding: 10px 15px;
    text-decoration: none;
    text-transform: uppercase;
}
</style>
<?php } ?>
```

文字格式選擇「PHP 程式碼」，按下「套用」。

❾ 請點開「進階」，在「上下文過濾器」點「新增」，找到「ID」後勾選，按下「增加和設定 contextual filters」，再按下「套用」。

❿ 最後請記得按下「儲存」，將這隻 View 存檔，如此便完成「出租資訊詳細頁」(/rent_node)。

4-3-3 日期選擇頁面（月曆）

❶ 進入 views 列表（/admin/structure/views）點擊「Add view from template」。

❷ 找到我們在「預約表」內容類型開設的日期欄位「內容 Field 日期 on Calendar」點擊「新增」。

Add view from template ☆

首頁 » 管理 » 架構 » Views

名稱	描述	新增
自訂區塊 已變更 Calendar	A calendar view of the '已變更' field in the '自訂區塊' base table	新增
回應 發表日期 Calendar	A calendar view of the '發表日期' field in the '回應' base table	新增
回應 更新日期 Calendar	A calendar view of the '更新日期' field in the '回應' base table	新增
檔案 已建立 Calendar	A calendar view of the '已建立' field in the '檔案' base table	新增
檔案 已變更 Calendar	A calendar view of the '已變更' field in the '檔案' base table	新增
內容 發表於 Calendar	A calendar view of the '發表於' field in the '內容' base table	新增
內容 已變更 Calendar	A calendar view of the '已變更' field in the '內容' base table	新增
內容 Field 報名截止時間 on Calendar	A calendar view of the '報名截止時間' field in the '內容' base table	新增
內容 Field 報名開始時間 on Calendar	A calendar view of the '報名開始時間' field in the '內容' base table	新增
內容 Field 日期 on Calendar	A calendar view of the '日期' field in the '內容' base table	新增
分類項目 更新日期 Calendar	A calendar view of the '更新日期' field in the '分類項目' base table	新增
使用者 已建立 Calendar	A calendar view of the '已建立' field in the '使用者' base table	新增
使用者 更新日期 Calendar	A calendar view of the '更新日期' field in the '使用者' base table	新增
使用者 最近存取時間 Calendar	A calendar view of the '最近存取時間' field in the '使用者' base table	新增
使用者 最後登入 Calendar	A calendar view of the '最後登入' field in the '使用者' base table	新增

❸ 檢視名稱輸入「預約月曆」，機器可讀名稱輸入「yuyueyueli」，Base View Path 輸入「calendar_riqi」，按下「Create View」。

首頁 » 管理 » 架構 » Views

檢視名稱 *

```
預約月曆
```

機器可讀名稱 *

```
yuyueyueli
```

為這個 View 指定一個唯一的機讀名稱，只能使用小寫字母、數字還有底線。

描述

```
A calendar view of the '日期' field in the '內容' base table
```

Base View Path *

```
calendar_riqi
```

@todo add description

Create View

❹ 接著請至「頁尾」點擊「新增」後勾選「多行文字欄位」，接著勾選「即使 view 沒有結果也顯示出來」，在「內容」輸入以下程式碼：

```php
<?php
$path = \Drupal::request()->getpathInfo();
$arg  = explode('/',$path);
if($arg['1']=='calendar_riqi'){
?>
<script src="http://ajax.googleapis.com/ajax/libs/jquery/1/jquery.min.js"></
script>
<div id="popWindow">
<form name="form" method="post" action="/rent_save">
<fieldset class='form-group'>
<label for=''>預約日期 </label><input type='text' id='riqi' name='riqi'
class='form-control disabled' readonly='readonly' placeholder='' value="" />
<small class='text-muted'></small>
</fieldset>
<fieldset class='form-group'><label for=''>稱呼 </label><input id='name'
name='name' class='form-control required' placeholder='' required><small
class='text-muted'></small>
</fieldset>
<fieldset class='form-group'><label for=''>手機號碼 </label><input
```

```
id='cellphone' name='cellphone' class='form-control required' placeholder=''
required><small class='text-muted'></small></fieldset>
<fieldset class='form-group'><label for='exampleInputEmail1'>電子郵件</
label><input id='email' name='email' class='form-control required'
placeholder='' required><small class='text-muted'></small>
</fieldset><fieldset class='form-group'><label for=''>備註</label><textarea
class='form-control' id='beizhu' name='beizhu' rows='3'></textarea></fieldset>
<input type="hidden" id="suoshu_id" name="suoshu_id" value="<?php echo
$arg['4']; ?>">
<div class='modal-footer'>
<button id='checkme' type='submit' name='submit' class='btn btn-primary'>預約
</button>
<button type='button' class='cacl btn btn-default' data-dismiss='modal'>取消
</button>
</div>
</form>
</div>
<style>
#popWindow {
    background: #fff none repeat scroll 0 0;
    border-radius: 4px;
    border-top: 3px solid #d2232a;
    box-shadow: 0 0 5px 0 #b3b3b3;
    margin: 2.6em auto auto;
    padding: 1.6em;
   width: 360px;
   text-align: center;
   z-index: 9;
   display: none;
}
.form-group {
    margin-bottom: 15px;
}
.single-day.no-entry.past {
    background: #e13434 none repeat scroll 0 0;
}
.cp {
    background-color: #555;
    height: 100%;
    opacity: 0.7;
    position: fixed;
    width: 100%;
    z-index: 2;
}
```

```
</style>
<script>
$(document).ready(function(){
   $("td.single-day").each(function(){
   var ti = $(this).children(".inner").html();
   if($.trim(ti)!=''){
      $(this).css('background','#e13434');
      $(this).find(".view-item").css("display", "none");
   }
   });
    $("td.single-day").click(function(){
   var sd = $(this).children(".inner").html();
   var pd = $(this).attr('id');
   var pda = pd.replace("neirong_field_riqi_on_calendar-","");
   var pdb = pda.slice(0,-2);
   if($(this).hasClass("past")){
      alert(' 不可預約 ');
   }else if($.trim(sd)==''){
      $("body").prepend("<div class='bb cp'></div>");
      $('input[name="riqi"]').val(pdb);
      $("#popWindow").show();
      centerHandler();
      $(window).scroll(centerHandler);
      $(window).resize(centerHandler);
   }else{
      alert(' 不可預約 ');
   }
   });
    $(".cacl").click(function(){
      $("#popWindow").hide();
      $(".bb").removeClass("cp");
   });
});
function centerHandler(){
   var scrollDist=$(window).scrollTop();
   var myTop=($(window).height()-$("#popWindow").height())/2+scrollDist;
   var myLeft=($(window).width()-$("#popWindow").width())/2;
   $("#popWindow").offset({top:myTop,left:myLeft});
}
</script>
<?php } ?>
```

文字格式選擇「PHP 程式碼」，按下「套用」。

❺ 接著請點開「進階」，在「上下文過濾器」點「新增」，找到「內容：所屬」後勾
選，按下「增加和設定 contextual filters」，再按下「套用」。

請記得點擊「新增」旁的倒三角形，按下「Rearrange」調整順序，將「內容：
所屬」放在「內容：node.field_riqi (year_month)」後面。

❻ 最後請記得按下「儲存」，將這隻 View 存檔。

4-3-4　預約標的管理後台

❶ 複製先前的 views 為 Page 副本或進入 views 列表（/admin/structure/views）點
擊「新增 view」。

❷ View 基本資訊的檢視名稱輸入「預約標的管理」，機器可讀名稱輸入「rent_
manage」。View 設定的顯示選擇「內容」，類型為「預約標的」，排序方式為
「由新到舊」。勾選頁面設定的「建立頁面」，Page title 輸入「預約標的管理」，
路徑輸入「rent_manage」，頁面顯示設定的顯示格式選擇「表格」，按下「儲
存後繼續編輯」。

這個頁面設定路徑「rent_manage」，即是網站規劃裡定義的「預約標的管理後
台」。

1. 在「欄位」新增以下欄位：

2. ID

3. 自定文字

4. 標題

5. 自定文字

按下「增加和設定 欄位」。

❹ 在「設定 欄位：內容：ID」裡，勾選「排除在顯示之外」，按下「套用」。

❺ 在「設定 欄位：內容：自定文字」裡，在「文字」輸入

```
<a href="/node/{{ nid }}/edit?destination=/rent_manage">編輯</a> | <a
href="/node/{{ nid }}/delete?destination=/rent_manage">刪除</a>
```

，按下「套用」。

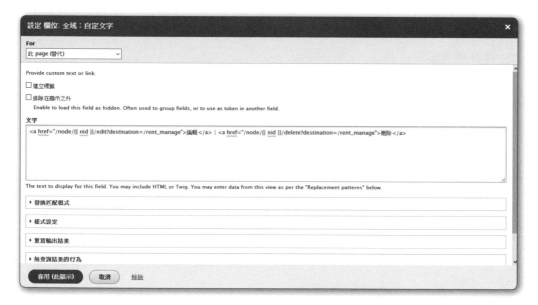

❻ 在「設定 欄位：內容：標題」裡，勾選「建立標籤」在標籤輸入「標的名稱」，
取消勾選「連結至 內容」，按下「套用」。

❼ 在「設定 欄位：內容：自定文字」裡，在「文字」輸入

```
<a href="/yuyue_manage/{{ nid }}">管理預約單</a>
```

，按下「套用」。

❽ 請至「頁首」點擊「新增」後勾選「多行文字欄位」,接著勾選「即使 view 沒有結果也顯示出來」,在「內容」輸入以下程式碼:

```
<a href="/node/add/thing?destination=/rent_manage">新增預約標的</a>
```

文字格式選擇「PHP 程式碼」,按下「套用」。

❾ 最後請記得按下「儲存」,將這隻 View 存檔。

4-3-5 預約單管理後台

❶ 複製先前的 views 為 Page 副本或進入 views 列表(/admin/structure/views)點擊「新增 view」。

❷ View 基本資訊的檢視名稱輸入「預約單管理」，機器可讀名稱輸入「yuyue_manage」。View 設定的顯示選擇「內容」，類型為「預約單」，排序方式為「由新到舊」。勾選頁面設定的「建立頁面」，Page title 輸入「預約單管理」，路徑輸入「yuyue_manage」，頁面顯示設定的顯示格式選擇「表格」，按下「儲存後繼續編輯」。

這個頁面設定路徑「yuyue_manage」，即是網站規劃裡定義的「預約單管理管理後台」。

❸ 在「欄位」新增以下欄位：

1. ID

2. 自定文字

3. 日期

4. 標題

5. 內容：發表於

按下「增加和設定 欄位」。

❹ 在「設定 欄位：內容：ID」裡，勾選「排除在顯示之外」，按下「套用」。

❺ 在「設定 欄位：內容：自定文字」裡，在「文字」輸入

```
<a href="/node/{{ nid }} ">檢視</a>
```

，按下「套用」。

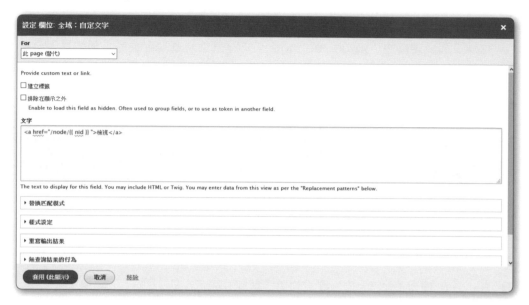

❻ 在「設定 欄位：內容：日期」裡，勾選「建立標籤」後輸入「預約日期」，「Time zone override」選擇客戶所在的時區，並在「日期格式」選擇「預設短日期」，按下「套用」。

❼ 在「設定 欄位：內容：標題」裡，勾選「建立標籤」在標籤輸入「預約人」，取
消勾選「連結至 內容」，按下「套用」。

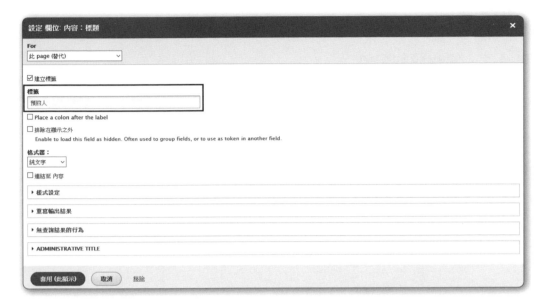

❽ 在「設定 欄位：內容：發表於」裡，勾選「建立標籤」在標籤輸入「填單時
間」，「日期格式」選擇「自定」在自訂日期格式輸入「Y-m-d H:i:s」，「時區」選
擇「客戶所在的時區」，按下「套用」。

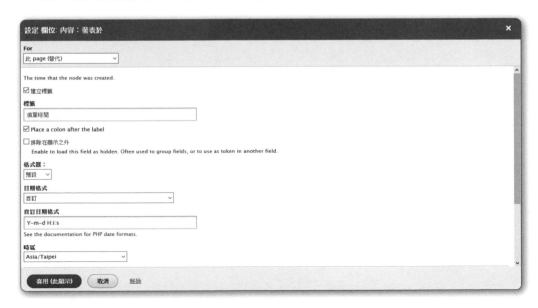

❾ 最後請記得按下「儲存」，將這隻 View 存檔。

4-4 功能網頁

4-4-1 儲存預約紀錄

請至「新增內容」(/node/add)點擊「功能網頁」。

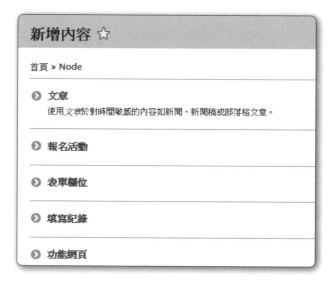

建立功能網頁,在「標題」輸入「儲存預約紀錄」。在「Body」的「文字格式」選擇「PHP 程式碼」;輸入以下程式碼:

```php
<?php
use Drupal\node\Entity\Node;
use Drupal\Core\Entity;

$path = \Drupal::request()->getpathInfo();
$arg  = explode('/',$path);


if(isset($_POST['name'])){
   $nnode = Node::create([
      'type' => 'yuyue',
      'title' => strip_tags($_POST['name']),
   ]);
   $nnode->field_suoshu->value = strip_tags($_POST['suoshu_id']);
   $nnode->field_riqi->value = strip_tags($_POST['riqi']);
```

```
    $nnode->field_cellphone->value = strip_tags($_POST['cellphone']);
    $nnode->field_email->value = strip_tags($_POST['email']);
    $nnode->field_beizhu->value = strip_tags($_POST['beizhu']);
    $nnode->save();
    echo '<h1> 預約完成 </h1>';
}else{
    echo '<h1> 預約失敗 </h1>';
}
?>
<br /><br />
<a href="/rent" class="but"> 返回預約系統 </a>
<style>
.but {
    background: #1ab7ea none repeat scroll 0 0;
    border: 0 none;
    border-radius: 0;
    color: #fff;
    font-weight: 60;
    line-height: 100%;
    padding: 10px 15px;
    text-transform: uppercase;
    text-decoration: none;
}
</style>
```

接著點開「網址路徑設定」，在「路徑別名 (URL alias)」輸入「/rent_save」。

建立 功能網頁 ☆

首頁 » Node » 新增內容

標題 *

儲存預約紀錄

Body (編輯摘要)

```
<?php
use Drupal\node\Entity\Node;
use Drupal\Core\Entity;

$path = \Drupal::request()->getpathInfo();
$arg  = explode('/',$path);

if(isset($_POST['name'])){
    $nnode = Node::create([
```

文字格式 PHP 程式碼 ▼   關於文字格式 ❓

● 您可以使用 PHP 程式碼。當然，您必須加上 <?php ?> 標籤。

儲存及發表 ▼

最後保存: 未儲存
作者: admin
☐ 建立修訂版本

▼ 網址路徑設定

路徑別名 (URL alias)

/rent_save

The alternative URL for this content. Use a relative path. For example, enter "/about" for the about page.

▸ 作者資訊

▸ PROMOTION OPTIONS

按下「儲存及發表」。

4-5 網站資訊

請至「設定」（/admin/config）點擊系統的「Basic site settings」。請您依客戶實際情況輸入網站資訊並填入網站首頁路徑。

Basic site settings ☆

首頁 » 管理 » 設定 » 系統

▼ 網站詳細資料

網站名稱 *

向上租車

口號

這將如果應用取決於您的網站版型。

電子郵件地址 *

joejojo19@yahoo.com.tw

The *From* address in automated emails sent during registration and new password requests, and other notifications. (

▼ 首頁

預設的網站首頁

http://d8.open365.tw /rent

Optionally, specify a relative URL to display as the front page. Leave blank to display the default front page.

▼ 錯誤頁面

預設的 403 (拒絕存取) 頁面

如果當前使用者無權訪問所請求的文檔，將顯示此頁面。如果不確定請留空顯示通用的 "拒絕訪問" 頁面。

預設的 404 (找不到網頁) 頁面

如果所請求的文檔無法找到匹配項，將顯示此頁面。如果不確定請留空以顯示通用的 "頁面未找到" 頁面。

儲存設定

4-6 使用者與權限及角色

我們要開設預約系統賣給客戶，我們得建立一組使用者帳號給客戶登入網站，讓客戶得以管理預約標的及預約單。此「使用者」帳號即是具有管理預約系統「權限」的預約系統客戶「角色」。

4-6-1 角色

請至「使用者」（/admin/people）點擊上方頁籤的「角色」。

進入角色列表（/admin/people/roles）點擊「新增角色」。

角色 ☆

| 清單 | 權限 | 角色 |

首頁 » 管理 » 使用者

A role defines a group of users that have certain privileges. These privileges are defined on the Permissions page. Here, permissive (for example, Anonymous user) to most permissive (for example, Administrator user). Users who are not log granted to their user account.

＋新增角色

名稱	操作
✛ 匿名使用者	編輯 ▼
✛ 認證的使用者	編輯 ▼
✛ 管理者	編輯 ▼
✛ Facebooker	編輯 ▼

儲存排序

「角色名稱」輸入「預約系統客戶」，「機器可讀名稱」輸入「rent_client」，按下「儲存」。

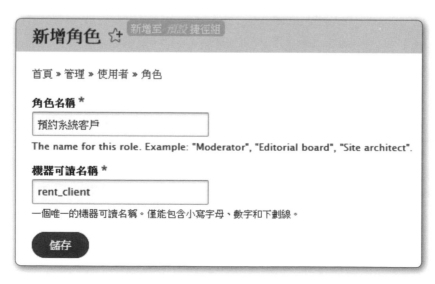

4-6-2 權限

請至「使用者」（/admin/people）點擊上方頁籤的「權限」。

進入「權限」（/admin/people/permissions），將以下權限分配給預約系統客戶：

❶ 「預約標的」建立新的內容、編輯自己的內容、移除自己的內容

❷ 「預約單」建立新的內容、編輯任何內容、移除任何內容

權限	匿名使用者	認證的使用者	管理者	FACEBOOKER	網路商店客戶	報名平台客戶	預約系統客戶
rights for nodes in question, or *administer nodes*.							
預約單: View revisions	☐	☐	☑	☐	☐	☐	☐
預約標的：建立新的內容	☐	☐	☑	☐	☐	☐	☑
預約標的：移除任何內容	☐	☐	☑	☐	☐	☐	☐
預約標的：移除自己的內容	☐	☐	☑	☐	☐	☐	☑
預約標的: Delete revisions Role requires permission to *view revisions* and *delete rights* for nodes in question, or *administer nodes*.	☐	☐	☑	☐	☐	☐	☐
預約標的：編輯任何內容	☐	☐	☑	☐	☐	☐	☐
預約標的：編輯自己的內容	☐	☐	☑	☐	☐	☐	☑

4-6-3　使用者

請至「使用者」（/admin/people）點擊上方的「新增使用者」。

請依客戶實際情況填寫註冊表單。按下「註冊新帳號」前請記得勾選「預約系統客戶」角色。

新增使用者 ☆

首頁 » 管理 » 使用者

This web page allows administrators to register new users. Users' email addresses and usernames must be unique.

電子郵件地址

kuroro9219@gmail.com

A valid email address. All emails from the system will be sent to this address. The email address is not made public and will only be used if you wish to receive a new password or wish to receive certain news or notifications by email.

使用者名稱 *

小林由依

可使用之特殊字元，包含空格、句號 (.)、連字符 (–)、撇號 (')、底線 (_) 以及 @符號。

密碼 *

●●●●●●●●●●●●●●●●●●●●

密碼強度： 強

確認密碼 *

●●●●●●●●●●●●●●●●●●●●

密碼符合： 是

> 建立安全性更強的密碼：
> - 加入大寫字母

為新帳號設定密碼。請輸入兩次密碼。

狀態

○ 封鎖
● 啟用

角色

☑ 認證的使用者
☐ 管理者
☐ Facebooker
☐ 網路商店客戶
☐ 報名平台客戶
☑ 預約系統客戶

5

拍賣平台的開發實例

5-1　網站規劃

我們要運用 Drupal 架設的拍賣平台包含以下功能，以二手交易平台「流轉之物」為例：

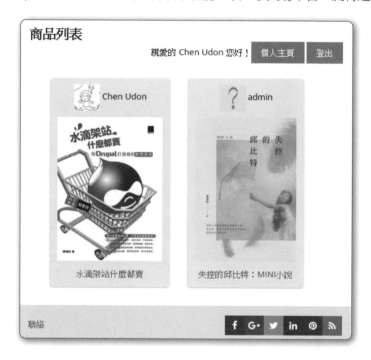

❶　結合 Facebook 帳號

　　取代傳統帳號密碼註冊流程，一鍵快速登入網站。

❷ 拍照上傳即賣

賣東西，只要拍一張照片上傳，說有多簡單就有多簡單。

❸ 私訊聯絡即買

瀏覽網站挖到寶，直接與賣家即時私訊出價。

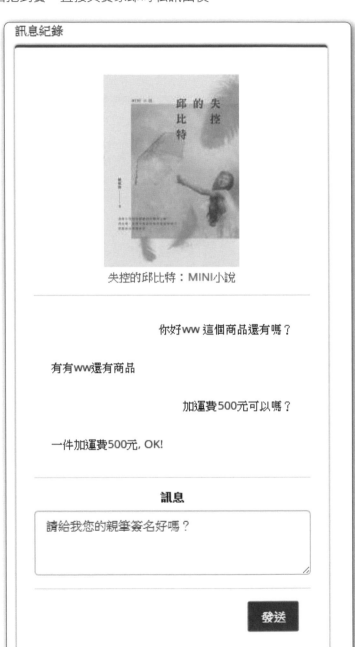

訊息紀錄

失控的邱比特：MINI小說

你好ww 這個商品還有嗎？

有有ww還有商品

加運費500元可以嗎？

一件加運費500元, OK!

訊息

請給我您的親筆簽名好嗎？

發送

下表列出對應拍賣平台功能的頁面與路徑及使用工具：

	頁面	路徑	使用工具
1	首頁 / 拍賣商品列表頁	/handed	Views
2	商品資訊詳細頁	/handed_node	Views
3	Facebook 登入	/fb_login	功能網頁
4	Facebook 登入回應	/fb_var	功能網頁
5	個人主頁	/php	功能網頁
6	拍賣訊息	/phppb	功能網頁
7	訊息紀錄	/messenger	功能網頁
8	儲存訊息	/messenger_save	功能網頁

5-2 內容類型

5-2-1 拍賣商品

一個內容類型為「拍賣商品」的節點（node）即為一筆拍賣商品，為此我們建立一個「拍賣商品」內容類型。

❶ 進入內容類型列表（/admin/structure/types）點擊「新增內容類型」。

內容類型 ☆

首頁 » 管理 » 架構

＋新增內容類型

❷ 名稱輸入「拍賣商品」，機器可讀名稱輸入「handed」。送出前預覽選擇「停用」。點擊「儲存並前往管理欄位」。

❸ 在「管理欄位」新增圖片欄位（field_tupian），如果先前已建立此欄位，在「Re-use an existing field」選擇既有的欄位：圖片；如果沒有，新增欄位如下：

	標籤	機器可讀名稱	欄位類型	欄位設定	編輯
1	照片	field_tupian	參照：圖片	Allowed number of values：限制 1	必須填寫欄位：勾選
2	商品敘述	field_shangpinxushu	文字（純文字、長字串）	Allowed number of values：限制 1	

如下圖所示：

❹ 請記得點擊「表單顯示」，調整欄位順序，理出一個讓客戶方便填寫的表格。

5-2-2 訊息

一個內容類型為「訊息」的節點（node）即為一筆訊息資料，為此我們建立一個「訊息」內容類型。

❶ 進入內容類型列表（/admin/structure/types）點擊「新增內容類型」。

❷ 名稱輸入「訊息」，機器可讀名稱輸入「messenger」。標題欄位標籤輸入「訊息編號」。送出前預覽選擇「停用」。點擊「儲存並前往管理欄位」。

❸ 在「管理欄位」新增欄位如下：

	標籤	機器可讀名稱	欄位類型	欄位設定	編輯
1	商品編號	field_handed_id	數字：數值（整數）	Allowed number of values：限制 1	必須填寫欄位：勾選
2	賣家 id	field_p_id	數字：數值（整數）	Allowed number of values：限制 1	必須填寫欄位：勾選
3	買家 id	field_b_id	數字：數值（整數）	Allowed number of values：限制 1	必須填寫欄位：勾選
4	註記	field_zhuji	數字：數值（整數）	Allowed number of values：限制 1	必須填寫欄位：勾選
5	訊息	field_messenger	文字（純文字、長字串）	Allowed number of values：限制 1	必須填寫欄位：勾選

如下圖所示：

5-3　帳號設定

❶ 進入「帳號設定」的「設定」頁面（/admin/config/people/accounts），在「誰可以註冊帳號？」項目勾選「只限管理員」。點擊「儲存設定」。

❷ 在「帳號設定」的「管理欄位」頁面新增欄位如下：

	標籤	機器可讀名稱	欄位類型	欄位設定	編輯
1	facebook ID	field_facebook_id	Text（純文字）	Allowed number of values：限制 1	
2	facebook Time	field_facebook_time	Text（純文字）	Allowed number of values：限制 1	

如下圖所示：

5-4 Views

5-4-1 商品列表頁

❶ 進入 views 列表（/admin/structure/views）點擊「新增 view」。

❷ View 基本資訊的檢視名稱輸入「拍賣商品」，機器可讀名稱輸入「handed」。
View 設定的顯示選擇「內容」，類型為「拍賣商品」，排序方式為「由新到舊」。
勾選頁面設定的「建立頁面」，Page title 輸入「拍賣商品列表」，路徑輸入
「handed」，頁面顯示設定的顯示格式選擇「HTML 清單」of「欄位」，按下「儲
存後繼續編輯」。

這個頁面設定路徑「handed」，即是網站規劃裡定義「拍賣商品列表頁」。

> **頁面設定**
> 路徑： /handed
> 選單： 沒有選單
> 存取權限： 權限 | 檢視文章已發表文章。

❸ 請點開「進階」，在「關聯」裡點擊「新增」，新增關聯「作者」。

> **▼ 進階**
> 上下文過濾器　　　　　　　　　　　　　　　　　　　新增
> ***關聯***　　　　　　　　　　　　　　　　　　　　新增 ▼
> 作者

❹ 在「欄位」新增以下欄位：

1. ID
2. (作者) 使用者：facebook ID
3. (作者) 使用者：名稱
4. 自定文字

5. 圖片

6. 標題

按下「增加和設定 欄位」。

❺ 在「設定 欄位：內容：ID」裡，勾選「排除在顯示之外」，按下「套用」。

❻ 在「設定 欄位：使用者：facebook ID」裡，「關聯」選擇「作者」，勾選「排除在顯示之外」，按下「套用」。

❼ 在「設定 欄位：使用者：名稱」裡，「關聯」選擇「作者」，勾選「排除在顯示之外」，按下「套用」。

❽ 在「設定 欄位：內容：自定文字」裡，在「文字」輸入

```
<img class="fb_img" src="http://graph.facebook.com/{{ field_facebook_id }}/
picture?width=40&height=40">
<span>{{ name }}</span>
```

，按下「套用」。

❾ 在「設定 欄位：內容：圖片」裡，「圖像樣式」選擇「中 (200×200)」,「連結圖片至」選擇「沒有」，點擊「重寫輸出結果」後勾選「Output this field as a custom link」並在「連結路徑」輸入「handed_node/{{ nid }}」，按下「套用」。

❿ 在「設定 欄位：內容：標題」裡，取消勾選「連結至 內容」，點擊「重寫輸出結果」後勾選「Output this field as a custom link」並在「連結路徑」輸入「handed _node/{{ nid }}」，按下「套用」。

⑪ 請至「頁首」點擊「新增」後勾選「多行文字欄位」，在「內容」輸入以下程式碼：

```php
<?php
$account = \Drupal::currentUser();
if ($account->id()) {
    $user = \Drupal\user\Entity\User::load($account->id());
    $name = $user->get('name')->value;
   echo '親愛的 ' .$name .' 您好！';
   echo '<a href="/php" class="but"> 個人主頁 </a>  ';
   echo '<a href="/user/logout??destination=/handed" class="but"> 登出 </a>';
}else{
   echo '<a href="/fb_login" class="but"> 登入 </a>';
}
?>
<style>
header {
    text-align: right;
}
.but {
    background: #1ab7ea none repeat scroll 0 0;
    border: 0 none;
    border-radius: 0;
    color: #fff;
    cursor: pointer;
    display: inline-block;
    line-height: 100%;
    padding: 10px 15px;
    text-decoration: none;
    text-transform: uppercase;
}
.arrow_list > li {
    background-color: #f2f2f2;
    border-radius: 6px;
    box-shadow: 0 1px 1px rgba(0, 0, 0, 0.15);
    float: left;
    height: 320px;
    list-style: outside none none;
    margin: 1em;
    width: auto;
    padding: 10px 12px;
   text-align: center;
}
.views-field-nothing {
```

```
    margin: 0 0 10px;
}
.views-field-title {
    margin-top: 8px;
}
.fb_img {
    height: 40px;
    width: 40px;
}
.views-field-field-tupian {
    text-align: center;
}
</style>
```

文字格式選擇「PHP 程式碼」，按下「套用」。

⓬ 最後請記得按下「儲存」，將這隻 View 存檔，如此便完成「拍賣商品列表頁」(/handed)。

5-4-2　商品資訊詳細頁

❶ 複製先前的 views 為 Page 副本或進入 views 列表（/admin/structure/views）點擊「新增 view」。

❷ View 基本資訊的檢視名稱輸入「商品資訊詳細」，機器可讀名稱輸入「handed_node」。View 設定的顯示選擇「內容」，類型為「拍賣商品」，排序方式為「由新到舊」。勾選頁面設定的「建立頁面」，Page title 輸入「商品資訊詳細」，路徑輸入「handed_node」，頁面顯示設定的顯示格式選擇「未格式化的清單」，按下「儲存後繼續編輯」。

這個頁面設定路徑「handed_node」，即是網站規劃裡定義的「商品資訊詳細頁」。

❸ 請點開「進階」，在「關聯」裡點擊「新增」，新增關聯「作者」。

❹ 請點開「進階」，在「上下文過濾器」裡點擊「新增」，找到「ID」後勾選，按下「增加和設定 contextual filters」，再按下「套用」。

❺ 在「欄位」新增以下欄位：

1. ID

2. 圖片

3. 標題

4. (作者) 使用者：facebook ID

5. (作者) 使用者：名稱

6. 自定文字

7. 商品敘述

按下「增加和設定 欄位」。

❻ 在「設定 欄位:內容:ID」裡，勾選「排除在顯示之外」，按下「套用」。

❼ 在「設定 欄位：內容：圖片」裡，「圖像樣式」選擇「大 (480×480)」,「連結圖
片至」選擇「檔案」，按下「套用」。

❽ 在「設定 欄位：內容：標題」裡，取消勾選「連結至 內容」，勾選「排除在顯示
之外」，按下「套用」。

❾ 在「設定 欄位：使用者：facebook ID」裡，「關聯」選擇「作者」，勾選「排除在顯示之外」，按下「套用」。

❿ 在「設定 欄位：使用者：名稱」裡，「關聯」選擇「作者」，勾選「排除在顯示之外」，按下「套用」。

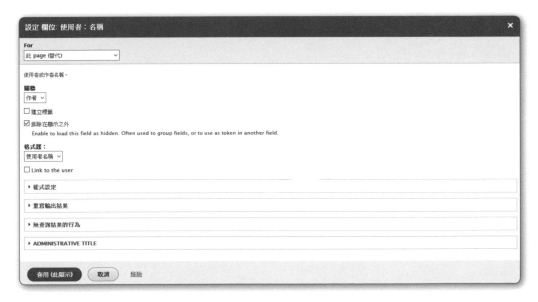

⓫ 在「設定 欄位：內容：自定文字」裡，在「文字」輸入

```
<div class="h_nod">
<h2>{{ title }}</h2>
<img class="fb_img" src="http://graph.facebook.com/{{ field_facebook_id }}/
picture?width=40&height=40">
<span>{{ name }}</span>
<a href="#" class="but">私訊聯絡 </a>
</div>
```

，按下「套用」。

⓬ 在「設定 欄位：內容：商品敘述」裡，直接按下「套用」。

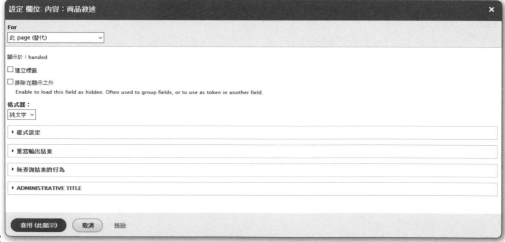

⓭ 請至「頁首」點擊「新增」後勾選「多行文字欄位」，在「內容」輸入以下程式碼：

```php
<?php
use Drupal\node\Entity\Node;
$account = \Drupal::currentUser();
if ($account->id()) {
    $user = \Drupal\user\Entity\User::load($account->id());
    $name = $user->get('name')->value;
    echo '親愛的 ' .$name .' 您好！';
    echo '<a href="/php" class="btm">個人主頁</a>  ';
    echo '<a href="/user/logout??destination=/handed" class="btm">登出</a>';
}else{
    echo '<a href="/fb_login" class="btm">登入</a>';
}
$path = \Drupal::request()->getpathInfo();
$arg  = explode('/',$path);
if($arg['1']=='handed_node'){
    $nid = $arg['2'];
    $node = Node::load($nid);
    if(count($node) > 0){
    $mdata = $node->toArray();
    $p_id = $mdata['uid'][0]['target_id'];
?>
<script src="http://ajax.googleapis.com/ajax/libs/jquery/1/jquery.min.js"></script>
<div id="popWindow">
<form name="form" method="post" action="/messenger_save">
<fieldset class='form-group'><label for=''>訊息</label><textarea class='form-control' id='beizhu' name='messenger' rows='3'></textarea></fieldset>
<input type="hidden" name="uid" value="<?php echo $account->id(); ?>">
<input type="hidden" name="hid" value="<?php echo $arg['2']; ?>">
<input type="hidden" name="pid" value="<?php echo $p_id; ?>">
<input type="hidden" name="bid" value="<?php echo $account->id(); ?>">
<div class='modal-footer'>
<button id='checkme' type='submit' name='submit' class='btn btn-primary'>發送</button>
<button type='button' class='cacl'>取消</button>
</div>
</form>
</div>
<script>
$(document).ready(function(){
    $(".but").click(function(){
```

```
    $("body").prepend("<div class='bb cp'></div>");
    $("#popWindow").show();
    centerHandler();
    $(window).scroll(centerHandler);
    $(window).resize(centerHandler);
     });
     $(".cacl").click(function(){
        $("#popWindow").hide();
       $(".bb").removeClass("cp");
     });
});
function centerHandler(){
    var scrollDist=$(window).scrollTop();
    var myTop=($(window).height()-$("#popWindow").height())/2+scrollDist;
    var myLeft=($(window).width()-$("#popWindow").width())/2;
    $("#popWindow").offset({top:myTop,left:myLeft});
}
</script>
<style>
header {
    text-align: right;
}
#popWindow {
    background: #fff none repeat scroll 0 0;
    border-radius: 4px;
    border-top: 3px solid #d2232a;
    box-shadow: 0 0 5px 0 #b3b3b3;
    margin: 2.6em auto auto;
    padding: 1.6em;
    width: 360px;
    text-align: center;
    z-index: 9;
    display: none;
}
.form-group {
    margin-bottom: 15px;
}
.cp {
    background-color: #555;
    height: 100%;
    opacity: 0.7;
    position: fixed;
    width: 100%;
    z-index: 2;
```

```
}
.but, .btm {
    background: #1ab7ea none repeat scroll 0 0;
    border: 0 none;
    border-radius: 0;
    color: #fff;
    cursor: pointer;
    display: inline-block;
    line-height: 100%;
    padding: 10px 15px;
    text-decoration: none;
    text-transform: uppercase;
}
</style>
<?php
    }
}
?>
```

文字格式選擇「PHP 程式碼」，按下「套用」。

⓮ 最後請記得按下「儲存」，將這隻 View 存檔，如此便完成「商品資訊詳細頁」（/
handed_node）。

5-5　功能網頁

5-5-1　Facebook 登入

請至「新增內容」（/node/add）點擊「功能網頁」。

建立功能網頁，在「標題」輸入「Facebook 登入」。在「Body」的「文字格式」選擇「PHP 程式碼」。

請注意！要在「Body」輸入的 FB.init 中的 appId，請依實際申請 Facebook 應用程式的情況置換 appId。

	變數	名稱	說明
1	appId	應用程式編號	請參考 附錄 B Facebook 應用程式

在「Body」的「文字格式」選擇「PHP 程式碼」；輸入以下程式碼：

```
<script src="http://ajax.googleapis.com/ajax/libs/jquery/1/jquery.min.js"></script>
<script>
```

```
  // This is called with the results from from FB.getLoginStatus().
  function statusChangeCallback(response) {
    console.log('statusChangeCallback');
    console.log(response);
    if (response.status === 'connected') {
      $("#sentToBack").show();
      document.getElementById('com').innerHTML = '這是您的 facebook 帳號嗎？';
      document.getElementById('fb_out').innerHTML = '<a href="#"
onclick="fbLogout();">facebook 登出 </a>';
      testAPI();
    } else if (response.status === 'not_authorized') {
      document.getElementById('status').innerHTML = 'Please log ' +
        'into this app.<br /><a href="#" onClick="fb_login()"><img alt=" 使用
Facebook 臉書登入 " src="http://handed.open365.tw/images/fblogin.png"></a>';
    } else {
      document.getElementById('status').innerHTML = '<a href="#" onClick="fb_
login()"><img alt=" 使用 Facebook 臉書登入 " src="http://handed.open365.tw/
images/fblogin.png"></a>';
    }
  }
  function checkLoginState() {
    FB.getLoginStatus(function(response) {
      statusChangeCallback(response);
    });
  }

  window.fbAsyncInit = function() {
  FB.init({
    appId      : ' 請置換成實際申請的應用程式編號 ',
    cookie     : true,  // enable cookies to allow the server to access
                        // the session
    xfbml      : true,  // parse social plugins on this page
    version    : 'v2.5' // use graph api version 2.5
  });

  FB.getLoginStatus(function(response) {
    statusChangeCallback(response);
  });

  };

  (function(d, s, id) {
    var js, fjs = d.getElementsByTagName(s)[0];
    if (d.getElementById(id)) return;
```

```
    js = d.createElement(s); js.id = id;
    js.src = "//connect.facebook.net/en_US/sdk.js";
    fjs.parentNode.insertBefore(js, fjs);
  }(document, 'script', 'facebook-jssdk'));

  function testAPI() {
    console.log('Welcome!  Fetching your information.... ');
    FB.api('/me', function(response) {
      console.log('Successful login for: ' + response.name);
      document.getElementById('status').innerHTML =
        'Thanks for logging in, ' + response.name + '!';
      var fb_id = response.id;
      var fb_name = response.name;
      $('input[name="fb_id"]').val(fb_id);
      $('input[name="fb_name"]').val(fb_name);
      $('#fb_img').attr("src", "http://graph.facebook.com/"+fb_id+"/
picture?width=140&height=140");
    });
  }

function fbLogout() {
    FB.logout(function (response) {
        window.location.reload();
        // user is now logged out
    });
}

function fb_login() {
    FB.login(function(response) {
        statusChangeCallback(response);
        console.log(response);
    }, {scope: 'public_profile,email'});
}
</script>
<div class="mt30">
<h2 class="mb25"> 親愛的朋友，歡迎使用 Facebook 帳號登入本站 </h2>
<div id="status"></div>
<div id="com"></div>
<img id="fb_img" src="" >
<form id="sentToBack" action="/fb_var" method="post">
   <input type="hidden" name="fb_id" />
   <input type="hidden" name="fb_name" />
   <input type="submit" value=" 確認 " />
</form>
```

```
<div id="fb_out"></div>
</div>
<style>
#sentToBack {
 display: none;
}
</style>
```

接著點開「網址路徑設定」，在「路徑別名 (URL alias)」輸入「/fb_login」。

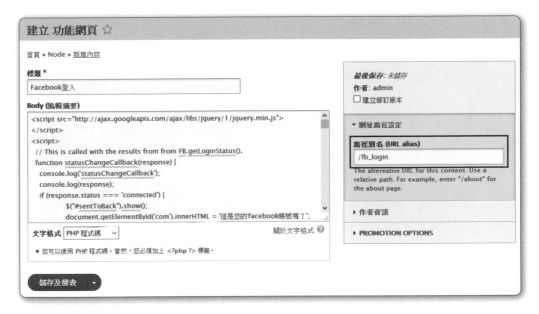

按下「儲存及發表」。

5-5-2 Facebook 登入回應

請至「新增內容」（/node/add）點擊「功能網頁」。

建立功能網頁，在「標題」輸入「Facebook 登入回應」。在「Body」的「文字格式」選擇「PHP 程式碼」；輸入以下程式碼：

```php
<?php
use Drupal\user\Entity\User;

if($_POST['fb_id']){

    $fb_id = $_POST['fb_id'];
    $fb_name = $_POST['fb_name'];

    $query = \Drupal::database()->select('user__field_facebook_id', 'nfd');
    $query->fields('nfd', ['entity_id', 'field_facebook_id_value']);
    $query->condition('nfd.field_facebook_id_value', $fb_id);
    $fb_user = $query->execute()->fetchAllAssoc('entity_id');

    foreach($fb_user as $uu) {
        $uid = $uu->entity_id;
    }

    $account = \Drupal\user\Entity\User::load($uid);
    if(count($account)>0){
        $udata = $account->toArray();
        $fb_pw = $udata['field_facebook_time'][0]['value'];
    }else{
        $fb_pw = time();
```

```php
        $user = User::create(array(
            'name' => $fb_name,
            'mail' => 'facebook@test.com',
            'pass' => $fb_pw,
            'roles' => 'facebooker',
            'status' => 1,
            'field_facebook_id' => $fb_id,
            'field_facebook_time' => $fb_pw,
        ));
        $user->save();
    }
}
?>
<form id="sentToBack" action="" method="post">
    <input type="hidden" name="fb_id" value="<?php echo $fb_id; ?>" />
    <input type="hidden" name="fb_name" value="<?php echo $fb_name; ?>" />
    <input type="hidden" name="fb_pw" value="<?php echo $fb_pw; ?>" />
    <input type="button"  value=" 按此進入個人主頁，開始拍賣 " onClick="Submit()" />
</form>
<script src="http://ajax.googleapis.com/ajax/libs/jquery/1/jquery.min.js"></
script>
<script>
var Submit=function(){
    var username = $('input[name="fb_name"]').val();
    var password = $('input[name="fb_pw"]').val();
    $.ajax({
        url : "/user/login",
        type : 'post',
        data : 'form_id=user_login_form&name=' + username + '&pass=' + password,
        dataType : 'text',
        error : function(data) {
            alert(' 發生錯誤！請重新登入！ ');
            document.location.href="/fb_login";
        },
        success : function(data) {
            document.location.href="/php";
        }
    });
}
</script>
```

接著點開「網址路徑設定」，在「路徑別名 (URL alias) 」輸入「/fb_var」。

建立 功能網頁 ☆

首頁 » Node » 新增內容

標題 *

Facebook登入回應

Body (編輯摘要)

```php
<?php
use Drupal\user\Entity\User;

if($_POST['fb_id']){

    $fb_id = $_POST['fb_id'];
    $fb_name = $_POST['fb_name'];

    $query = \Drupal::database()->select('user__field_facebook_id', 'nfd');
    $query->fields('nfd', ['entity_id', 'field_facebook_id_value']);
```

文字格式 PHP 程式碼 ▽   關於文字格式 ❓

• 您可以使用 PHP 程式碼。當然,您必須加上 `<?php ?>` 標籤。

儲存及發表 ▾

最後儲存: 未儲存

作者: admin

☐ 建立修訂版本

▼ 網址路徑設定

路徑別名 (URL alias)

/fb_var

The alternative URL for this content. Use a relative path. For example, enter "/about" for the about page.

▸ 作者資訊

▸ PROMOTION OPTIONS

按下「儲存及發表」。

5-5-3　個人主頁

請至「新增內容」(/node/add)點擊「功能網頁」。

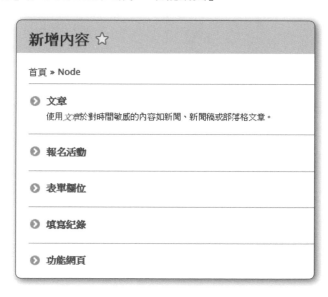

新增內容 ☆

首頁 » Node

❶ 文章
使用文章於對時間敏感的內容如新聞、新聞稿或部落格文章。

❶ 報名活動

❶ 表單欄位

❶ 填寫紀錄

❶ 功能網頁

建立功能網頁，在「標題」輸入「個人主頁」。在「Body」的「文字格式」選擇
「PHP 程式碼」；輸入以下程式碼：

```
<form action="" method="post" id="php" name="dynamicform">
<?php
use Drupal\node\Entity\Node;
use Drupal\file\Entity\File;

$account = \Drupal::currentUser();
if ($account->id()) {

    echo '<div class="out_sb"><input class="in_sb" type="submit" name="php"
value=" 個人主頁 " onclick="handleClick(this);" />';
    echo '<input class="in_sb" type="submit" name="cp" value=" 賣東西訊息 "
onclick="handleClick(this);" />';
    echo '<input class="in_sb" type="submit" name="cb" value=" 買東西訊息 "
onclick="handleClick(this);" />';
    echo '<input class="in_sb" type="submit" name="reload" value=" 重新整理 "
onclick="handleClick(this);" /></div>';

    $user = \Drupal\user\Entity\User::load(\Drupal::currentUser()->id());
    $facebook_id = $user->get('field_facebook_id')->value;
    $name = $user->get('name')->value;
    $uid= $user->get('uid')->value;

    echo '<table>';
    echo '<tr><td><img src="http://graph.facebook.com/' .$facebook_id .'/pict
ure?width=140&height=140">';
    echo '<h2>' .$name .'</h2></td></tr>';

    echo '<tr><td><h5> 我的拍賣商品 </h5></td>';
    echo '<td><a href="/node/add/handed?destination=/php" class="but"> 新增商品
</td></tr>';

    $query = \Drupal::database()->select('node_field_data', 'nfd');
    $query->fields('nfd', ['nid', 'title']);
    $query->condition('nfd.type', 'handed');
    $query->condition('nfd.uid', $account->id());
    $handed = $query->execute()->fetchAllAssoc('nid');
    $i = 0;
    foreach($handed as $smid) {
        $node = Node::load($smid->nid);
        if(count($node) > 0){
            $mdata = $node->toArray();
            $nid = $mdata['nid'][0]['value'];
            $title = $mdata['title'][0]['value'];
```

```
            $fid =  $mdata['field_tupian'][0]['target_id'];
            $file = File::load($fid);
            $path = $file->getFileUri();
            $url = \Drupal\image\Entity\ImageStyle::load('medium')->buildUrl($path);
            echo '<tr class="nana">';
            echo '<td><img class="nana_img" src="' .$url .'"></td>';
            echo '<td><a href="/handed_node/' .$nid .'">' .$title .'</a></td>';
            echo '<td><a href="/node/' .$nid .'/edit?destination=/php">編輯</a>
| <a href="/node/' .$nid .'/delete?destination=/php">刪除</td>';
            echo '</tr>';
        }
    }
    echo '</table>';
}
?>
</form>
<script>
var url;
function handleClick(myRadio) {
    if (myRadio.name=="php") url ="/php";
    if (myRadio.name=="cp") url ="/phppb?c=p";
    if (myRadio.name=="cb") url ="/phppb?c=b";
    if (myRadio.name=="reload") url = "";
    document.dynamicform.action=url;
}
</script>
<style>
.out_sb {
    float: right;
}
.in_sb {
    margin-right: 30px;
}
.but {
    background: #1ab7ea none repeat scroll 0 0;
    border: 0 none;
    border-radius: 0;
    color: #fff;
    cursor: pointer;
    display: inline-block;
    line-height: 100%;
    padding: 10px 15px;
    text-decoration: none;
    text-transform: uppercase;
}
</style>
```

接著點開「網址路徑設定」，在「路徑別名 (URL alias) 」輸入「/php」。

按下「儲存及發表」。

5-5-4 拍賣訊息

請至「新增內容」(/node/add) 點擊「功能網頁」。

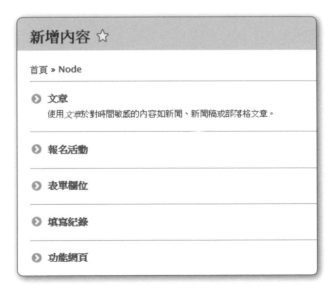

建立功能網頁，在「標題」輸入「拍賣訊息」。在「Body」的「文字格式」選擇「PHP 程式碼」；輸入以下程式碼：

```php
<form action="" method="post" id="php" name="dynamicform">
<?php
use Drupal\node\Entity\Node;
use Drupal\file\Entity\File;

$c = \Drupal::request()->query->get('c');
if($c){
    $account = \Drupal::currentUser();
    if ($account->id()) {
        if($c=='p'){
            $pb_tit = '被詢價';
        }else{
            $pb_tit = '詢價';
        }
        echo '<div class="out_sb"><input class="in_sb" type="submit"
name="php" value=" 個人主頁 " onclick="handleClick(this);" />';
        echo '<input class="in_sb" type="submit" name="cp" value=" 賣東西訊息 "
onclick="handleClick(this);" />';
        echo '<input class="in_sb" type="submit" name="cb" value=" 買東西訊息 "
onclick="handleClick(this);" />';
        echo '<input class="in_sb" type="submit" name="reload" value=" 重新整理 "
onclick="handleClick(this);" /></div>';

        $user = \Drupal\user\Entity\User::load(\Drupal::currentUser()->id());
        $facebook_id = $user->get('field_facebook_id')->value;
        $name = $user->get('name')->value;
        $uid= $user->get('uid')->value;

        echo '<table>';
        echo '<tr><td><img src="http://graph.facebook.com/' .$facebook_id .'/
picture?width=140&height=140">';
        echo '<h2>' .$name .'</h2></td></tr>';

        echo '<tr><td><h5>' .$pb_tit .' 商品 </h5></td></tr>';

        $query = \Drupal::database()->select('node_field_data', 'nfd');
        $query->fields('nfd', ['nid', 'title']);
        $query->condition('nfd.type', 'messenger');
        $messenger = $query->execute()->fetchAllAssoc('nid');
        $i = 0;
        foreach($messenger as $smid) {
```

```
            $node = Node::load($smid->nid);
        if(count($node) > 0){
            $mdata = $node->toArray();
            $m_title = $mdata['title'][0]['value'];
            $p_id = $mdata['field_p_id'][0]['value'];
            $b_id = $mdata['field_b_id'][0]['value'];
            $h_id = $mdata['field_handed_id'][0]['value'];
            $zhuji = $mdata['field_zhuji'][0]['value'];
            if($c=='p'){
                $pb_id = $p_id;
            }else{
                $pb_id = $b_id;
            }
            if($pb_id==$account->id() && $zhuji=='1'){
                $hnode = Node::load($h_id);
                if(count($hnode) > 0){
                    $mhdata = $hnode->toArray();
                    $hnid = $mhdata['nid'][0]['value'];
                    $htitle = $mhdata['title'][0]['value'];
                    $hfid =  $mhdata['field_tupian'][0]['target_id'];
                    $hfile = File::load($hfid);
                    $hpath = $hfile->getFileUri();
                    $hurl = \Drupal\image\Entity\ImageStyle::load('medium')->
buildUrl($hpath);
                    echo '<tr class="nana">';
                    echo '<td><img class="nana_img" src="' .$hurl .'"></td>';
                    echo '<td><a href="/handed_node/' .$nid .'">' .$title .'</
a></td>';
                    echo '<td><a href="/messenger?title=' .$m_title .'">查看訊
息紀錄</a>';
                    echo '</tr>';
                }
            }
        }
        echo '</table>';
    }
}
?>
</form>
<script>
var url;
function handleClick(myRadio) {
    if (myRadio.name=="php") url ="/php";
```

```
    if (myRadio.name=="cp") url ="/phppb?c=p";
    if (myRadio.name=="cb") url ="/phppb?c=b";
    if (myRadio.name=="reload") url = "";
    document.dynamicform.action=url;
}
</script>
<style>
.out_sb {
    float: right;
}
.in_sb {
    margin-right: 30px;
}
</style>
```

接著點開「網址路徑設定」，在「路徑別名 (URL alias)」輸入「/phppb」。

按下「儲存及發表」。

5-5-5　訊息紀錄

請至「新增內容」(/node/add) 點擊「功能網頁」。

新增內容 ☆

首頁 » Node

❯ **文章**
使用文章於對時間敏感的內容如新聞、新聞稿或部落格文章。

❯ **報名活動**

❯ **表單欄位**

❯ **填寫紀錄**

❯ **功能網頁**

建立功能網頁，在「標題」輸入「訊息紀錄」。在「Body」的「文字格式」選擇「PHP 程式碼」；輸入以下程式碼：

```
<form action="" method="post" id="php" name="dynamicform">
   <div class="out_sb">
      <input class="in_sb" type="submit" name="php" value=" 個人主頁 "
onclick="handleClick(this);" />
      <input class="in_sb" type="submit" name="cp" value=" 賣東西訊息 "
onclick="handleClick(this);" />
      <input class="in_sb" type="submit" name="cb" value=" 買東西訊息 "
onclick="handleClick(this);" />
      <input class="in_sb" type="submit" name="reload" value=" 重新整理 "
onclick="handleClick(this);" />
   </div>
</form>
<script>
var url;
function handleClick(myRadio) {
   if (myRadio.name=="php") url ="/php";
   if (myRadio.name=="cp") url ="/phppb?c=p";
   if (myRadio.name=="cb") url ="/phppb?c=b";
   if (myRadio.name=="reload") url = "";
   document.dynamicform.action=url;
}
</script>
<h5> 訊息紀錄 </h5>
```

```php
<div id="popWindow">
<?php
use Drupal\node\Entity\Node;
use Drupal\file\Entity\File;

$title = \Drupal::request()->query->get('title');

if($title){

    $arg = explode("-", $title);
    echo '<table>';
    $hnode = Node::load($arg['0']);
    if(count($hnode) > 0){
        $mhdata = $hnode->toArray();
        $hnid = $mhdata['nid'][0]['value'];
        $htitle = $mhdata['title'][0]['value'];
        $hfid =  $mhdata['field_tupian'][0]['target_id'];
        $hfile = File::load($hfid);
        $hpath = $hfile->getFileUri();
        $hurl = \Drupal\image\Entity\ImageStyle::load('medium')->
buildUrl($hpath);
        echo '<tr class="nana">';
        echo '<td><img class="nana_img" src="' .$hurl .'"><br />';
        echo '<a href="/handed_node/' .$hnid .'">' .$htitle .'</a></td>';
    }
    echo '<tr class="nanb"><td>';

    $account = \Drupal::currentUser();
    if ($account->id()) {

        $query = \Drupal::database()->select('node_field_data', 'nfd');
        $query->fields('nfd', ['nid', 'title']);
        $query->condition('nfd.type', 'messenger');
        $query->condition('nfd.title', $title);
        $messenger = $query->execute()->fetchAllAssoc('nid');
        $i = 0;
        echo '<div class="mo">';
        foreach($messenger as $smid) {
            $node = Node::load($smid->nid);
            $mdata = $node->toArray();
            $uid = $mdata['uid'][0]['target_id'];
            $b_id = $mdata['field_b_id'][0]['value'];
            $p_id = $mdata['field_p_id'][0]['value'];
            $mess = $mdata['field_messenger'][0]['value'];
```

```php
        if($b_id==$account->id() || $p_id==$account->id()){
            if($uid ==$account->id()){
                $flot = 'mr';
            }else{
                $flot = 'ml';
            }
            echo '<div class="' .$flot .' mm">' .$mess .'</div>';
        }
    }
    echo '</div>';
}
    echo '</td></tr>';
    echo '</table>';
?>


<form name="form" method="post" action="/messenger_save">
<fieldset class='form-group'><label for=''>訊息</label><textarea class='form-control' id='beizhu' name='messenger' rows='3'></textarea></fieldset>
<input type="hidden" id="suoshu_id" name="uid" value="<?php echo $account->id(); ?>">
<input type="hidden" id="suoshu_id" name="hid" value="<?php echo $arg['0']; ?>">
<input type="hidden" id="suoshu_id" name="pid" value="<?php echo $arg['1']; ?>">
<input type="hidden" id="suoshu_id" name="bid" value="<?php echo $arg['2']; ?>">
<div class='modal-footer'>
<button id='checkme' type='submit' name='submit' class='btn btn-primary'>發送
</button>
</div>
</form>
</div>
<style>
.out_sb {
    float: right;
}
.in_sb {
    margin-right: 30px;
}
.mm {
    display: flex;
    margin: 12px 0;
    padding: 5px 8px;
    width: 100%;
}
.mr {
    justify-content: flex-end;
```

```
}
#popWindow {
    background: #fff none repeat scroll 0 0;
    border-radius: 4px;
    border-top: 3px solid #d2232a;
    box-shadow: 0 0 5px 0 #b3b3b3;
    padding: 1.6em;
    width: 360px;
    text-align: center;
}
.form-group {
    margin-bottom: 15px;
}
.nana td {
    text-align: center;
}
</style>
<?php } ?>
```

接著點開「網址路徑設定」，在「路徑別名 (URL alias)」輸入「/messenger」。

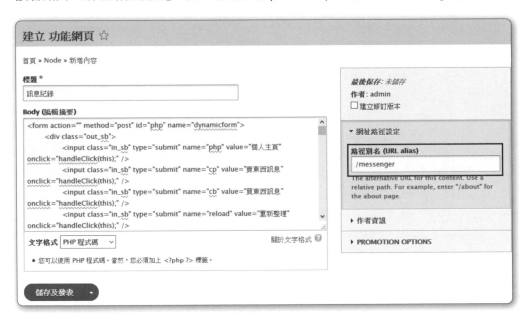

按下「儲存及發表」。

5-5-6　儲存訊息

請至「新增內容」（/node/add）點擊「功能網頁」。

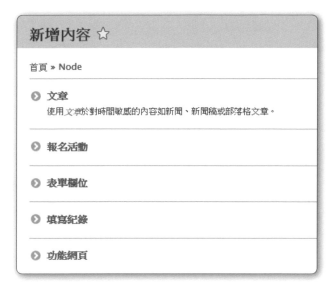

建立功能網頁，在「標題」輸入「儲存訊息」。在「Body」的「文字格式」選擇「PHP 程式碼」；輸入以下程式碼：

```php
<?php
use Drupal\node\Entity\Node;

if(isset($_POST['hid'])){

   $title = $_POST['hid'] .'-' .$_POST['pid'] .'-' .$_POST['bid'];
   $query = \Drupal::database()->select('node_field_data', 'nfd');
   $query->fields('nfd', ['nid', 'title']);
   $query->condition('nfd.type', 'messenger');
   $query->condition('nfd.title', $title);
   $messenger = $query->execute()->fetchAllAssoc('nid');
   if(count($messenger)>0){
      $zhuji = '';
   }else{
      $zhuji = '1';
   }

   $nnode = Node::create([
      'type' => 'messenger',
```

```php
    'title' => $title,
    'uid' => strip_tags($_POST['uid']),
    'status' => 1,
  ]);
  $nnode->field_handed_id->value = strip_tags($_POST['hid']);
  $nnode->field_p_id->value = strip_tags($_POST['pid']);
  $nnode->field_b_id->value = strip_tags($_POST['bid']);
  $nnode->field_messenger->value = strip_tags($_POST['messenger']);
  $nnode->field_zhuji->value = $zhuji;
  $nnode->save();

  echo '<script>alert(" 發送成功 ");</script>';
  echo '<script>document.location.href="/messenger?title=' .$title .'"';
</script>';
}else{
  echo '<script>alert(" 發送失敗 ");</script>';
}
?>
```

接著點開「網址路徑設定」，在「路徑別名 (URL alias)」輸入「/messenger_save」。

按下「儲存及發表」。

5-6 權限及角色

我們要吸引使用者以 Facebook 帳號加入拍賣平台，我們得建立一個角色給
Facebook 用戶登入網站，並開放得以行使商品上下架及私訊聯絡功能的權限。

5-6-1 角色

請至「使用者」（/admin/people）點擊上方頁籤的「角色」。

使用者 ☆

| 清單 | 權限 | 角色 |

首頁 » 管理

+新增使用者

包含使用者名稱或電子郵件　　　　**角色**　　　**權限**　　　　　　　　　　　　　**狀態**

　　　　　　　　　　　　　　　　　－任何－ ∨　－任何－ 　　　　　　　　　　∨　－任何－ ∨

篩選

對所選的內容執行...

Add the Administrator role to the selected users ∨

套用

☐	使用者名稱	狀態	角色
☐	test	Active	● Facebooker
☐	admin	Active	● 管理者

套用

進入角色列表（/admin/people/roles）點擊「新增角色」。

角色 ☆

| 清單 | 權限 | 角色 |

首頁 » 管理 » 使用者

A role defines a group of users that have certain privileges. These privileges are defined on the Permissions page. Here, you can define the names and the display sort order of the roles on your site. It is recommended to order roles from least permissive (for example, Anonymous user) to most permissive (for example, Administrator user). Users who are not logged in have the Anonymous user role. Users who are logged in have the Authenticated user role, plus any other roles granted to their user account.

＋新增角色

顯示列欄權重

名稱	操作
✛ 匿名使用者	編輯 ▾
✛ 認證的使用者	編輯 ▾
✛ 管理者	編輯 ▾
✛ 網路商店客戶	編輯 ▾
✛ 報名平台客戶	編輯 ▾
✛ 預約系統客戶	編輯 ▾
✛ Facebooker	編輯 ▾

儲存排序

「角色名稱」輸入「Facebooker」，「機器可讀名稱」輸入「facebooker」，按下「儲存」。

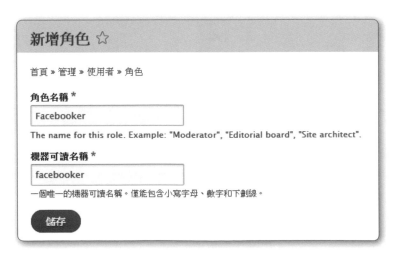

新增角色 ☆

首頁 » 管理 » 使用者 » 角色

角色名稱 *

Facebooker

The name for this role. Example: "Moderator", "Editorial board", "Site architect".

機器可讀名稱 *

facebooker

一個唯一的機器可讀名稱。僅能包含小寫字母、數字和下劃線。

儲存

5-6-2 權限

請至「使用者」（/admin/people）點擊上方頁籤的「權限」。

進入「權限」（/admin/people/permissions），將以下權限分配給預約系統客戶：

❶ 「拍賣商品」建立新的內容、編輯自己的內容、移除自己的內容

❷ 「訊息」建立新的內容

權限	匿名使用者	認證的使用者	管理者	網路商店客戶	報名平台客戶	預約系統客戶	FACEBOOKER
拍賣商品：建立新的內容	☐	☐	☑	☐	☐	☐	☑
拍賣商品：移除任何內容	☐	☐	☑	☐	☐	☐	☐
拍賣商品：移除自己的內容	☐	☐	☑	☐	☐	☐	☑
拍賣商品: Delete revisions Role requires permission to *view revisions* and *delete rights* for nodes in question, or *administer nodes*.	☐	☐	☑	☐	☐	☐	☐
拍賣商品：編輯任何內容	☐	☐	☑	☐	☐	☐	☐
拍賣商品：編輯自己的內容	☐	☐	☑	☐	☐	☐	☑

5-7 網站資訊

請至「設定」（/admin/config）點擊系統的「Basic site settings」。請您依實際情況輸入網站資訊並填入網站首頁路徑。

Basic site settings ☆

首頁 » 管理 » 設定 » 系統

▼ 網站詳細資料

網站名稱 *

流轉之物

口號

免費二手交易與社群平台

這將如果應用取決於您的網站版型。

電子郵件地址 *

joejojo19@yahoo.com.tw

The *From* address in automated emails sent during registration and new password requests, and other notifications. (Use an address ending in your site's domain to help prevent this email being flagged as spam.)

▼ 首頁

預設的網站首頁

http://d8.open365.tw /handed

Optionally, specify a relative URL to display as the front page. Leave blank to display the default front page.

▼ 錯誤頁面

預設的 403 (拒絕存取) 頁面

如果當前使用者無權訪問所請求的文檔，將顯示此頁面。如果不確定請留空顯示通用的 "拒絕訪問" 頁面。

預設的 404 (找不到網頁) 頁面

如果所請求的文檔無法找到匹配項，將顯示此頁面。如果不確定請留空以顯示通用的 "頁面未找到" 頁面。

儲存設定

CHAPTER

A

歐付寶金流

資料來源：歐付寶 allPay 電子支付 https://www.allpay.com.tw/

『歐付寶第三方支付股份有限公司』為目前台灣第三方支付業者中從事金流支付產業時間最久 (含併購之綠界科技 85 年 6 月 4 日)、專業專營最具規模之開放性第 三方支付平台，已通過經濟部 Cash Inbound/Cash Outbound 網路代結匯資格，且逐步推出整合系統，並擁有台灣目前唯一金管會核可之第三方支付跨業儲值帳戶。金流方面已與聯合信用卡處理中心、臺灣銀 行、第一銀行、華南銀行、台北富邦、國泰世華、玉山銀行、台新銀行、中國信託……等多家銀行合作 (以銀行代碼排序)，共同推展信 之第三方支付交易履約保證平台。

提供：歐付寶帳戶、銀行快付、信用卡、ATM 櫃員機、網路 ATM、四大超商代碼 / 條碼以及海外金流 (財付通) 等。

A-1　註冊會員

以下為台灣個人會員註冊流程

❶　在歐付寶官網首頁上方點選【註冊】，選擇左邊「個人會員」並點選【立即加入】。

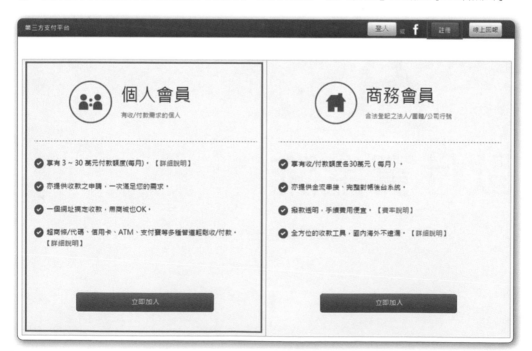

❷ 填寫會員資料（立即註冊）。

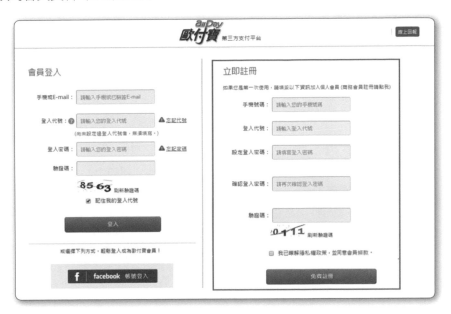

❸ 進行手機驗證：有兩種驗證方式供會員選擇：簡訊驗證、手機撥打驗證。

● **簡訊驗證碼**

(1) 系統將發送 6 碼簡訊驗證碼至您填寫的手機號碼，請於 30 分鐘內於頁面回填簡訊驗證碼。

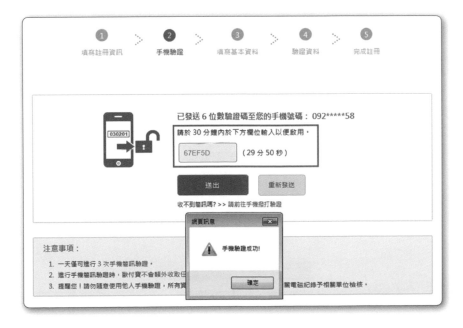

● **手機撥打驗證**

(1) 若未收到簡訊驗證碼，可透過手機直撥專線進行驗證，請於 5 分鐘內撥打完成。

(2) 完成後進入會員基本資料表補齊相關資料。

會員基本資料表

請依序填寫下方內容，以完善您的基本資料！

會員類別： 個人會員

登入代號： aa**34

真實姓名：(無法變更) | 請輸入您的姓名 |

會員國籍： | TAIWAN 臺灣 ▼ |

出生日期： | 請選擇 ▼ | 年 | 請選擇 ▼ | 月 | 請選擇 ▼ | 日

身分證字號： | 請輸入您的身分證字號 |

電子郵件信箱： | 請輸入您的電子郵件信箱 |

安全提示： | 請選擇 ▼ |

安全提示答案： | 請輸入安全提示答案 |

送出資料

❹ 驗證資料：點擊 e-mail 驗證、身份證驗證的【進行驗證】按鈕進行相關資料驗證。

● **電子郵件驗證：**系統會自動帶入您之前在基本資料填寫的電子郵件信箱，您也可以改成你想要收驗證信的信箱，點擊「送出」按鈕後，系統將會寄發驗證信至該信箱。

● 身分證驗證：請依照系統說明填入身分證驗證所需資料進行驗證。

(提醒您！身分證相關資訊驗證每日僅限 2 次，如一日內錯誤 2 次，須等待隔日才能進行驗證)

❺ 恭喜您，完成會員註冊！

A-2 開通收款功能

開通收款必需通過信用卡或銀行帳戶驗證。

本書採銀行帳戶驗證：進行銀行帳戶驗證，輸入金融單位類別、金融單位名稱、分行、帳號與管理名稱。

銀行帳戶驗證

> ⓘ 請輸入會員本人或公司登記名(限台灣公司)之銀行帳號資訊。提醒您！您的交易收入不會直接撥入銀行或郵局帳戶，請透過提領功能將款項提出。

金融單位類別	請選擇 ▾
金融單位名稱	請選擇 ▾
分行	請選擇 ▾
帳號	
管理名稱	

銀行帳號存摺封面範例圖

活期 儲 蓄 存 款　　　銀行代號：808
存戶帳號
0123-456-789123 南港分行
戶名：歐付寶 先生/女士

左招財
🐱 玉 山 銀

郵政存簿儲金簿
郵局代號　700
存簿　局 號(含檢號)　帳 號(含檢號)
帳號　0101011　　　0333333
戶　名　歐付寶第三方支付股份有限公司
立 帳 郵 局　南港分局

☐ 您的交易收入不會直接撥入銀行或郵局帳戶，請透過提領功能將款項提出。

[送出]　　　[取消]

驗證通過後開通收款功能。

A-3 金流程式串接

❶ 自歐付寶官網首頁選擇【商務專區 > 金流規格】。

❷ 點擊【申請金流程式串接】。

❸ 填入電子郵件信箱。

❹ 驗證電子郵件信箱。

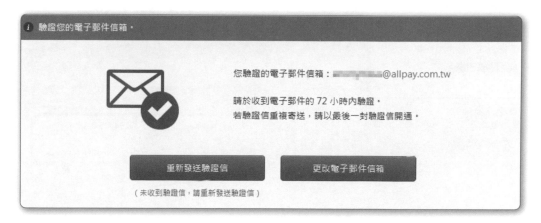

❺ Email 驗證成功後，可至您驗證的信箱接收金流程式串接金鑰。

A-4　MerchantID 及 HashKey、HashIV 的取得

請登入：廠商後台 (https://vendor.allpay.com.tw/)--> 系統開發管理 --> 系統介接設定取得 MerchantID 及 HashKey、HashIV

CHAPTER

B

Facebook 應用程式

資料來源：https://www.facebook.com/

想要在網站上使用 Facebook 登入，有個前置作業，就是申請一個 Facebook 應用程式，並要取得應用程式的 ID 及密碼。需要以下幾個步驟。

想要建立 Facebook 應用程式，首先你必須要有一個 Facebook 帳號，然後進入到開發者介面中，申請註冊成為一個開發者，才可以申請應用程式。請至 Facebook Developer 開發者中心：https://developers.facebook.com/

📎 第 1 步

如果您是初次使用 Facebook Developer，請先點選右上方的【登錄】註冊為 Facebook 開發人員。

第 2 步

接著把隱私權聲明點選為【是】，再點【註冊】就可以成為開發者。

第 3 步

回到 Developers 中心，點擊右上方的【新增應用程式】。

📎 第 4 步

請依照欄位填選資料

1. 顯示名稱

2. 聯絡電子郵件

3. 類別

然後點擊【建立應用程式編號】。

此時需要通過安全驗證，選擇所有顯示手錶的相片之類的，請依實際情形進行驗證。

📎 第 5 步

轉至 Product Setup 頁面，請在 Facebook 登入項目點擊右方的【開始使用】。

📎 第 6 步

轉至用戶端 OAuth 設定頁面，請依實際需求設定，然後點擊【點選儲存變更】即可。

📎 第 7 步

請在應用程式的設定畫面中點選左側【設定】，會看到我們申請的「應用程式編號」及「應用程式密鑰」，要看到「應用程式密鑰」的明碼請按右方的【顯示】。

「應用程式編號」及「應用程式密鑰」就是本書拍賣平台一章使用 Facebook 登入所要輸入的。

請在「應用程式網域」一欄輸入您的網站網址，不用加 http://。然後點擊【點選儲存變更】。

應用程式編號	應用程式密鑰
⬭⬭⬭⬭5	●●●●●●●● 顯示
顯示名稱	**命名空間**
test	
應用程式網域	**聯絡電子郵件**
d8.open365.tw ✕	kuroro9219@gmail.ocm
隱私政策網址	**服務條款網址**
登入對話方塊和應用程式詳細資料的隱私政策	登入對話方塊和應用程式詳細資料的服務條款
應用程式圖示	**類別**
⊕ 1024 x 1024	參考 ▾

第 8 步

請在應用程式的設定畫面中點選左側【主控板】，請點擊【開始使用 Facebook SDK】右方的【Choose Platform】。

第 9 步

請選擇「網站」。

第 10 步

在跳轉的頁面下方的【Tell us about your website】的【Site URL】輸入您的網址，
按下【Next】即可。

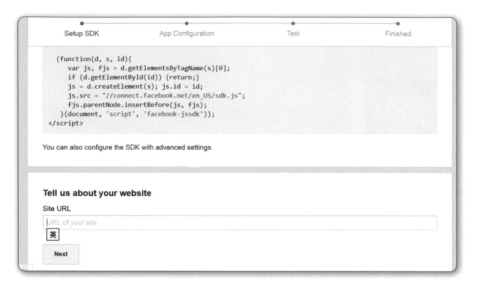

第 11 步

請回到應用程式的設定畫面中點選左側【應用程式審查】，接著把「是否發佈一個人
做網站」選為【是】，將應用程式設定成對外公開上線即完成。